U1021499

房屋建筑学

主　编　王祖远　柏芳燕　王艳刚

重庆大学出版社

图书在版编目(CIP)数据

房屋建筑学 / 王祖远，柏芳燕，王艳刚主编. -- 重庆：重庆大学出版社，2019.12

ISBN 978-7-5689-1849-7

Ⅰ.①房… Ⅱ.①王… ②柏… ③王… Ⅲ.①房屋建筑学—高等职业教育—教材 Ⅳ.①TU22

中国版本图书馆 CIP 数据核字(2019)第 226378 号

房屋建筑学

主　编　王祖远　柏芳燕　王艳刚

策划编辑:鲁　黎

责任编辑:范　琪　　版式设计:鲁　黎

责任校对:姜　凤　　责任印制:张　策

*

重庆大学出版社出版发行

出版人:饶帮华

社址:重庆市沙坪坝区大学城西路 21 号

邮编:401331

电话:(023)88617190　88617185(中小学)

传真:(023)88617186　88617166

网址:http://www.cqup.com.cn

邮箱:fxk@cqup.com.cn(营销中心)

全国新华书店经销

重庆华林天美印务有限公司印刷

*

开本:787mm×1092mm　1/16　印张:7.75　字数:201 千

2019 年 12 月第 1 版　2019 年 12 月第 1 次印刷

ISBN 978-7-5689-1849-7　定价:28.00 元

前言

房屋建筑学是研究房屋建筑空间组合及建筑构造理论和方法的一门综合性、实践性技术课程，是土木工程专业的一门专业必修课。通过本门课程的学习，学生能熟悉一般房屋建筑的设计原理，具有建筑设计的基本知识，并能按照设计意图绘制建筑施工图；能掌握民用与工业建筑的构造理论与构造方法，掌握工程语言和图形表达的基本方法与技能。

本书本着“重视培养学生的创新精神、实践能力、创新能力和创业能力”的教育思想观念，并严格依照最新的建筑工程规范、技术标准、建筑法规等进行编写。全书包括建筑设计概论、建筑总平面设计、建筑平面设计、建筑立面设计、建筑剖面设计等相关知识。书中内容丰富，运用了大量的建筑实例，图文并茂，讲解清晰，使学生易于理解和掌握相关的理论以及实践运用；以精、新为原则，广泛、充分地借鉴了国内相关高校和专家的先进的科学技术成果，突出了新理念、新材料、新构造的介绍与运用，注重教材的时效性和实用性，从而使本书能够更好地满足工程管理、工程造价等专业应用型人才培养的要求。

由于编者水平有限，书中难免有不足之处，敬请广大读者批评指正。

编　者

2019 年 5 月

目录

第 1 章 建筑设计概论

1.1 建筑的基本构成要素

建筑的基本构成要素是建筑功能、建筑技术、建筑形象，即建筑的三要素。

1.1.1 建筑功能

建筑功能即房屋的使用要求，它体现着建筑物的目的性。不同的建筑具有不同的使用要求。例如，住宅建筑应满足人们的居住需要，学校建筑要满足教学活动的要求，影剧院要求有良好的视听效果，火车站要求人流线路流畅，工业建筑则要求符合产品的生产工艺、流程等。建筑不单要满足人们对基本的使用功能的要求，还要满足人们的生理需求。因此建筑应具有良好的朝向、保温、隔热、隔声、防潮、防水、采光、通风等性能。满足建筑功能的需求是最基本的要求，随着社会的发展，人们对建筑功能的要求也在日益提高。因此，在建筑设计中应充分重视使用功能的可持续性，以及建筑物在使用过程中的可改造性。

1.1.2 建筑技术

建筑技术条件是建造房屋的手段，包括建筑材料与制品、建筑结构、建筑施工、建筑设备（水、电、通风、空调、消防等设备）等方面。建筑材料是物质基础，建筑结构是建筑空间的骨架，建筑施工是建筑物得以实现的重要手段，建筑设备是改善建筑环境的技术条件。随着科学技术的发展，建筑技术、水平将不断提高，进而满足人们对建筑功能和建筑形象的更高要求。

1.1.3 建筑形象

建筑形象指建筑的艺术形象，是通过建筑的体型和立面构图、内外部空间组合、材料的色彩和质感、细部的处理和重点刻画，以及与周围环境的协调来体现的，用以反映建筑物的性质、时代风采、民族风格和地方特色等。建筑形象处理得当，就能产生一定的艺术效果，给人以一定的感染力和美的享受。

建筑功能、建筑技术、建筑形象三要素辩证统一，它们相互制约、密不可分。建筑功能是建筑的目的，通常起主导作用。对于某些有象征性、纪念性或标志性意义的建筑，建筑形象起主导作用，是构成建筑的主要因素。

1.2 建筑物的分类及等级划分

1.2.1 建筑物的分类

(1)按使用功能分类

按建筑物的使用功能分类，可以将建筑物分为民用建筑、工业建筑和农业建筑。

1)民用建筑

供人们居住及进行公共活动等非生产性活动的建筑称为民用建筑。民用建筑又分为居住建筑和公共建筑。

①居住建筑：供人们居住使用的建筑物，如住宅、公寓、宿舍等。

②公共建筑：供人们进行各种公共活动的建筑物。根据其使用功能、特点，又可分为以下建筑类型：行政办公建筑、文教建筑、医疗建筑、托幼建筑、商业建筑、体育建筑、交通建筑、通信建筑、旅馆建筑、展览建筑、观演建筑、园林建筑、纪念建筑等。

2)工业建筑

供人们进行工业生产活动的建筑。工业建筑包括生产用的建筑及辅助生产、动力、运输、仓储用的建筑，如机械加工车间、锅炉房、车库、仓库等。

3)农业建筑

供人们进行农牧业的种植、养殖、贮存等活动的建筑，如种子库、温室、畜禽饲养场、农产品仓库等。

(2)按建筑规模分类

1)大量性建筑

单体建筑规模不大，但建造数量较多，与人们生活密切相关，分布面广的建筑，如住宅、学校、中小型办公楼、商店、医院等。

2)大型性建筑

单体建筑规模大、影响大、投资大的建筑，如大型体育馆、机场候机楼、火车站、航空港等。与大量性建筑相比，其修建数量是很有限的。

(3)按建筑物的层数或总高度分类

1)住宅按层数分类

1 ~3 层为低层；4 ~6 层为多层；7 ~9 层为中高层；10 层及以上为高层。

2)其他民用建筑按建筑高度分类

建筑高度是指室外设计地面至建筑主体檐口顶部的垂直距离。普通建筑：建筑高度不大于 24 m 的民用建筑和建筑高度大于 24 m 的单层民用建筑。高层建筑：10 层及 10 层以上的住宅，建筑高度大于 24 m 的公共建筑（不包括建筑高度大于 24 m 的单层公共建筑）。超高层建筑：建筑高度超过 100 m 时，不论住宅或公共建筑均为超高层建筑。

(4)按承重结构的材料分类

1)砖木结构建筑

砖(石)砌墙体、木楼板、木屋顶的建筑物。

2)砖混结构建筑

砖(石)砌墙体,钢筋混凝土楼板及屋顶的建筑物。这类结构造价便宜,易于就地取材,施工难度低;但是自身的抗震能力差,自重较大。

3)钢筋混凝土结构建筑

钢筋混凝土柱、梁、板承重的建筑。具有耐久、耐火、可模性好、整体性好、易于就地取材等优点,故应用较为广泛。

4)钢结构建筑

主要承重结构全部采用钢材的建筑。钢结构的力学性能好,便于制作和安装,工期短,自重轻,适宜在超高层和大跨度建筑中使用。

5)其他结构建筑

膜结构建筑、充气建筑、塑料建筑等。

1.2.2　建筑物的等级划分

建筑物的等级一般包括耐火等级、耐久等级、工程等级。

(1)按建筑物的耐火等级分类

所谓耐火等级,是衡量建筑物耐火程度的标准,它是由组成建筑物的构件的燃烧性能和耐火极限的最低值决定的。确定建筑物耐火等级的主要目的,是使不同用途的建筑物具有与之相适应的耐火性能,从而实现安全与经济的统一。

1)建筑构件的燃烧性能

按构件在空气中受到火烧或高温作用时的不同反应,将构件的燃烧性能分为非燃烧体(或称不燃烧体)、难燃烧体和燃烧体。

①非燃烧体:用非燃烧材料制成的构件。非燃烧材料是指在空气中受到火烧或高温作用时不起火、不微燃、不炭化的材料,如砖石材料、钢筋混凝土、金属等。

②难燃烧体:用难燃烧材料制成的构件,或用燃烧材料制成而用非燃烧材料做保护层的构件。难燃烧材料在空气中受到火烧或高温作用时难燃烧、难炭化,当火源移走后燃烧或微燃会立即停止,如石膏板、水泥石棉板、板条抹灰等。

③燃烧体:用燃烧材料做的构件。燃烧材料在空气中受到火烧或高温作用时会立即起火或燃烧,且火源移走后会继续燃烧或微燃,如木材、纤维板、胶合板等。

2)耐火极限

耐火极限是指对任一建筑构件按时间—温度标准曲线进行耐火试验,从受到火的作用时起,到失去支持能力、完整性破坏或失去隔火作用时止的这段时间,用小时(h)表示。建筑构件出现了上述现象之一,就认为达到了耐火极限。

①失去支持能力:指构件在火焰或高温作用下,由于构件材质、性能的变化,其承载能力和刚度降低,承受不了原设计的荷载而破坏。例如,受火作用后钢筋混凝土梁失去支承能力,钢柱失稳破坏,非承重构件自身解体或垮塌等,均属于失去支持能力的表现。

②完整性破坏:指具有分隔作用的构件(如楼板、隔墙等)在中高温作用下,发生爆裂或局

部塌落,形成穿透裂缝或空洞,火焰穿过构件,使其背面可燃物起火燃烧。例如受火作用后的板条抹灰墙,内部可燃板条先行自燃,一定时间后,背火面的抹灰层龟裂脱落,引起起火燃烧;预应力钢筋混凝土楼板中的钢筋失去预应力,发生炸裂,出现孔洞,使火苗蹿到上层房间。

③失去隔火作用:指具有分隔作用的构件在试验中,背火面测温点测得的平均温度达到140 ℃(不包括背火面的起始温度);或背火面测温点中任意一点的温度达到180 ℃;或在不考虑起始温度的情况下,背火面任一测温点的温度达到220 ℃。

3)建筑物的耐火等级

民用建筑的耐火等级可分为四级。我国现行的《建筑设计防火规范》(GB 50016—2014)对不同耐火等级的建筑物,其主要构件的燃烧性能和耐火极限做了规定,见表1-1。

表1-1　不同耐火等级建筑相应构件的燃烧性能和耐火极限

燃烧性能和耐火极限/h		耐火等级			
构件名称		一级	二级	三级	四级
墙	防火墙	非燃烧体 4.00	非燃烧体 4.00	非燃烧体 4.00	非燃烧体 4.00
	承重墙、楼梯间、电梯井墙	非燃烧体 3.00	非燃烧体 2.50	非燃烧体 2.50	难燃烧体 0.50
	非承重外墙、疏散走道两侧的隔墙	非燃烧体 1.00	非燃烧体 1.00	非燃烧体 2.50	难燃烧体 0.25
	房间隔墙	非燃烧体 0.75	非燃烧体 0.50	难燃烧体 0.50	难燃烧体 0.25
柱	支承多层的柱	非燃烧体 3.00	非燃烧体 2.50	非燃烧体 2.50	难燃烧体 0.50
	支承单层的柱	非燃烧体 2.50	非燃烧体 2.00	非燃烧体 2.00	燃烧体
梁		非燃烧体 2.00	非燃烧体 1.50	非燃烧体 1.00	难燃烧体 0.50
楼板		非燃烧体 1.50	非燃烧体 1.00	非燃烧体 0.50	难燃烧体 0.25
屋顶承重构件		非燃烧体 1.50	非燃烧体 0.50	燃烧体	燃烧体
疏散楼梯		非燃烧体 1.50	非燃烧体 1.00	非燃烧体 1.00	燃烧体
吊顶(包括吊顶格栅)		非燃烧体 0.25	难燃烧体 0.25	难燃烧体 0.15	燃烧体

(2)按建筑物的耐久等级分类

建筑物的耐久等级主要根据建筑物的重要性和规模大小划分。《民用建筑设计统一标准》(GB 50352—2019)中规定,以主体结构确定的建筑物耐久年限分为四级,见表1-2。

表1-2　建筑物耐久等级

耐久等级	耐久年限	适用建筑物的性质
一级	100年以上	纪念性建筑和特别重要的建筑,如纪念馆、博物馆等

续表

耐久等级	耐久年限	适用建筑物的性质
二级	50 ~ 100 年	一般性建筑，如城市火车站、宾馆、大剧院等
三级	25 ~ 50 年	次要建筑，如文教、交通、居住建筑等
四级	25 年以下	临时性建筑

(3)按建筑物的工程等级分类

建筑按其重要程度、规模及使用要求的不同，分为特级、一级、二级、三级、四级、五级六个级别，具体划分见表 1-3。

表 1-3　建筑物的工程等级

工程等级	工程特征	工程范围举例
特级	1. 国家重点项目或以国际性活动为主的特高级大型公共建筑 2. 有全国性纪念意义或技术要求特别复杂的中小型公共建筑 3. 30 层以上建筑 4. 空间高大有声光等特殊要求的建筑	国宾馆、国家大会堂、国际会议中心、国际体育中心、国际贸易中心、国际大型空港、重要纪念建筑、国家级图书馆、博物馆、美术馆、剧院、音乐厅等
一级	1. 高级大型公共建筑 2. 有地区性历史意义或技术要求的中小型公共建筑 3. 16 ~ 29 层或超过 50 m 高的公共建筑	高级宾馆(招待所)、旅游宾馆、省级展览馆、博物馆、图书馆、高级会堂、不小于 300 床位医院、大型门诊楼、大中型体育馆、室内游泳馆、大城市火车站、候机楼等
二级	1. 中高级、大中型公共建筑 2. 技术要求较高的中小型建筑 3. 16 ~ 29 层住宅	大专院校教学楼、档案楼、电影院、部省级机关办公楼、300 床位以下医院、地市级图书馆、文化馆、俱乐部、报告厅、风雨操场、中等城市火车站、高级小住宅等
三级	1. 中级、中型公共建筑 2. 7 ~ 15 层有电梯住宅或框架结构的建筑	重点中学、中等专科学校教学楼、实验楼、电教楼、社会旅馆、招待所、浴室、门诊部、托儿所、综合服务楼、多层食堂、小型车站等
四级	1. 一般中小型公共建筑 2. 7 层以下住宅、宿舍及砖混结构建筑	一般办公楼、中小学教学楼、单层食堂、单层汽车站、粮站、杂货店、阅览室、理发室、水冲式公共厕所等
五级	一、二层单功能，一般小跨度建筑	

有些同类建筑根据其规模和设施档次的不同也会分级。如涉外旅馆分一星到五星五个等级；剧场分特、甲、乙、丙四个等级；结构设计时，根据抗震烈度把建筑分成四个等级等。设计时

应当根据建筑的实际情况，合理确定建筑的等级。

1.3 建筑设计的内容和程序

1.3.1 设计阶段的划分

一幢建筑物的建成，一般要经过以下阶段：提出拟建项目建议书，编制可行性研究报告，进行项目评估，编制设计文件，施工前准备工作，组织施工，竣工验收，交付使用。编制设计文件是工程建设中的重要一环。设计文件内容包括建筑设计、结构设计和设备设计等几部分，各部分之间既有分工又密切配合。

建设项目设计工作一般按方案设计、初步设计、施工图设计三个阶段进行。技术上复杂的建设项目，根据主管部门的要求，可以在初步设计和施工图设计中间加入技术设计阶段。就设计的全过程而言，设计人员需分阶段做好以下工作。

(1)设计前的准备工作

1)熟悉工程项目可行性研究报告

在熟悉工程项目可行性研究报告时，着重应弄清下述问题：

①建设项目总要求和建设目的。

②建筑物的具体使用要求、建筑面积以及各类用途房间之间的面积分配。

③建设项目的总投资和单方造价，土建费用、房屋设备费以及道路等室外设施费用。

④建设基地范围、大小，周围原有建筑、道路、地段环境，掌握地形图。

⑤供电、供水和采暖、空调等设备方面的要求；水源、电源接用许可文件。

⑥设计期限和项目的建设进程要求。

2)收集必要的设计原始数据

①气象资料：建设项目所在地区的温度、湿度、日照、雨、雪、风及冻土深度等。

②基地地形及地质水文资料：基地地形、标高，土壤种类及承载力，地下水位及地震烈度等。

③水电等设备管线资料：基地地下的给水、排水、电缆等管线布置，以及基地上的架空线等供电线路情况。

④设计项目的国家有关定额指标：面积定额指标、用地定额指标、用材定额指标等。

3)调查研究

①建筑物的使用要求。

②建筑材料供应和结构、施工等技术条件。

③基地踏勘。根据城建部门所划定的设计项目基地的图纸，进行现场踏勘，深入了解基地和周围环境的现状及历史沿革，核对已有资料与基地现状是否符合。

4)了解当地传统和生活习惯

在设计前，需要了解当地传统和生活习惯。

(2)初步设计阶段

初步设计是建筑设计的第一阶段。这一阶段中设计人员在已定的基地范围内，按照房屋使用要求，综合考虑技术经济条件和建筑艺术、环境等方面的要求，提出设计方案。建设单位申报建设项目时，规划部门一般要求先报送设计方案，经规划部门审查批准后方可进行初步设计。设计方案只对建筑物的层数、高度、平面布置、建筑形式、立面处理和环境协调等做概括的考虑，且无详细尺寸，无法编制准确的概算，要达到控制投资和计划安排的审批要求，尚需经过初步设计阶段的进一步深化。同时在初步设计时，对方案中的结构布置、水、暖、电等内容进行较详细的考虑和研究，协调各专业技术工种的矛盾。

初步设计文件应上报会审、审批。小型建设项目初步设计的审批权限由各主管部门或省、自治区、直辖市自行规定。

(3)技术设计阶段

技术设计是建筑设计的中间阶段。其主要任务是在初步设计的基础上，进一步确定拟建房屋各工种之间的技术问题。在进行技术设计时，各工种应提供资料、提出要求，为编制施工图打下基础。

(4)施工图设计阶段

施工图设计是建筑设计的最后阶段。其主要任务是满足施工要求，即在初步设计或技术设计的基础上，综合建筑、结构、设备各工种，相互交底、核实核对，深入了解材料供应、施工技术、设备等条件，把满足工程施工的各项具体要求反映在图纸中，做到整套图纸齐全统一、明确无误。

1.3.2　设计文件的内容及深度

设计人员在设计各阶段所编制的设计文件时必须贯彻执行国家有关工程建设的政策法令，应符合国家现行的建筑工程建设标准、设计规范和制图标准，遵守设计工作程序，形成的文件要准确清晰，整个文件需经过严格校审，避免“错、漏、碰、缺”。

(1)初步设计

初步设计文件由设计说明书(包括设计总说明和各专业的设计说明书)、设计图纸、主要设备及材料表和工程概算书等四部分组成，其编排顺序为：

①封面。

②扉页。

③初步设计文件目录。

④设计说明书。

⑤图纸。

⑥主要设备及材料表。

⑦工程概算书。

初步设计文件的深度应满足以下审批要求：

①应符合已审定的设计方案。

②能确定土地征用范围。

③能准备主要设备及材料。

④应提供工程设计概算作为审批确定项目投资的依据。

⑤能进行施工图设计。

⑥能进行施工准备。

(2)技术设计

在初步设计的基础上,技术设计进一步确定房屋设计各工种之间的技术问题。技术设计的图纸和设计文件应满足以下要求:建筑工种的图纸应标明与技术工种有关的详细尺寸,并编制建筑部分的技术说明书;结构工种应有房屋结构布置方案图,并附初步计算说明;设备工种应提供相应的设备图纸及说明书。

(3)施工图设计

施工图设计应根据已批准的初步设计进行编制,内容以图纸为主,包括:图纸目录、设计说明、图纸(包括建筑施工图、结构施工图和设备施工图)、工程预算书等。施工图设计文件应满足下列要求:

①能编制施工图预算。

②能安排材料、设备订货和非标准设备的制作。

③能进行施工和安装。

④能进行工程验收。

1.4 建筑设计的要求及依据

1.4.1 建筑设计的要求

(1)满足建筑功能的要求

满足使用者对建筑的功能要求,为人们的生产和生活活动创造良好的环境,是建筑设计的首要任务。例如,设计住宅时,首先要满足家居生活的需求,各个卧室设置应该做到布局合理、通风采光良好,同时还要合理安排客厅、书房、厨房、餐厅、卫生间等用房,使各类活动有序进行、动静分离、互不干扰。

(2)符合总体规划的要求

总体规划是有效控制城市或局部地区发展的重要手段。单体建筑是总体规划中的组成部分,应符合总体规划的要求,充分考虑和周围环境的关系。总体规划通常会为单体建筑提供与城市道路的连接方式或部位等方面的设计依据。同时,总体规划还会对单体建筑提出形式、高度、色彩等方面的实际要求,使每一个新建建筑与原有基地形成协调的室外空间环境组合。

(3)采取合理的技术措施

合理的技术措施能够保证建筑物的安全施工、经济有效的建造和使用。为达到可持续发展的更高目标,应根据不同设计项目的特点,正确选用相关的材料和技术,并根据建造空间组合的特点,选择适用的建筑结构体系、合理的构造方式和施工方案,力求做到高效率、低能耗,并且保证建筑物建造方便、坚固耐用。

(4)适应所处的环境特点

我国幅员辽阔,各地区气候差别很大,建筑设计必须与当地的气候特点相适应。对于寒冷地区,建筑设计应满足保温、防冻、防止冷风渗透等要求,其平面形式宜采用有利于保温防寒的集中式布置,且外窗的大小、层数及墙体的材料与厚度应受到一定的限制;炎热地区的建筑则应保证通风、隔热等要求,建筑的平面布局常以分散式布置为主,构造设计也应采取相应的措施。

(5)具有良好的经济效益

工程项目的建造是一个复杂的物质生产过程,需要投入大量的人力、物力和资金。一般在项目立项的初始阶段应该确定项目的总投资,在设计的各个阶段还要有周密的计划和核算,反复进行项目投资的估算、概算及预算,重视经济领域的客观规律,讲究经济效率,以保证项目能够在给定的投资范围内得以实现或根据实际情况及时予以合理的调整。

(6)符合有关的方针政策及法规

中共中央、国务院于 2016 年 2 月 6 日发布了《关于进一步加强城市规划建设管理工作的若干意见》。意见指出,要加强建筑设计管理,贯彻“适用、经济、绿色、美观”的建筑方针,突出建筑使用功能以及节能、节水、节地、节材和环保,防止片面追求建筑外观形象。强化公共建筑和超限高层建筑设计管理,建立大型公共建筑工程后评估制度。

(7)考虑建筑的视觉效果

建筑物在满足使用功能的同时,还要考虑人们对建筑物审美方面的要求,以及建筑物所给予人们的精神享受。高品质的建筑设计应当既有良好、鲜明的个性特征,同时又是整个城市空间和谐、有机的组成部分。

1.4.2　建筑设计的依据

(1)使用功能

1)人体和人体活动空间尺度

建筑是为人使用的,在建筑设计中,首先必须满足的就是人的生理需要、人体尺寸及其使用规律。建筑空间应以人体基本动作所要求的空间(也就是人体工程学的原则)为基本依据,如图 1-1 和图 1-2 所示。

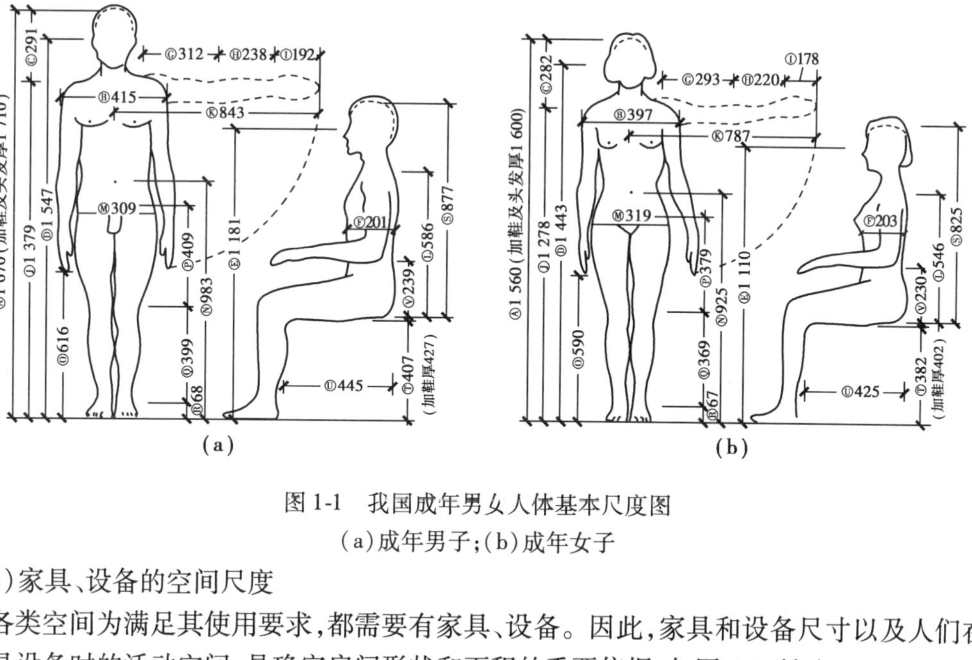

图 1-1　我国成年男女人体基本尺度图

(a)成年男子;(b)成年女子

2)家具、设备的空间尺度

各类空间为满足其使用要求,都需要有家具、设备。因此,家具和设备尺寸以及人们在使用家具设备时的活动空间,是确定房间形状和面积的重要依据,如图 1-3 所示。

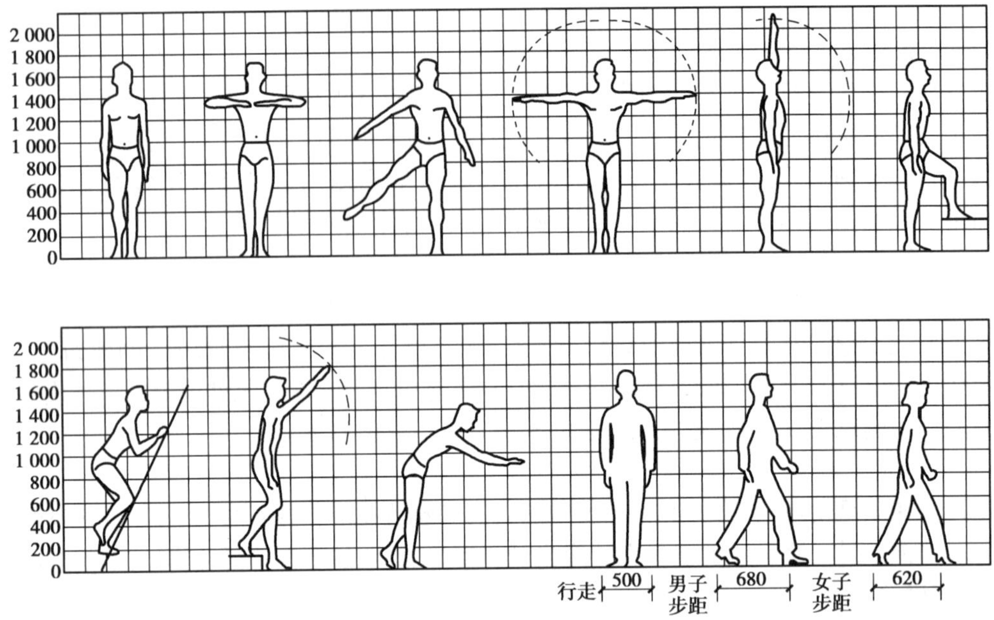

图 1-2　人体基本动作尺度图

(2)自然与环境

建筑物的平面形状、体型及墙体、门窗、屋顶、地面等围护结构都要受到自然条件(如温度、湿度、日照、雨雪、风速、风向等气候条件,地形、地质条件,地震烈度等)的限制和制约。例如,在高层建筑、电视塔等设计中,风速是建筑结构布置和建筑体型设计的重要因素;水文条件则直接影响建筑物基础及地下室是否需采用相应的防水和防腐措施。

同时,建筑物的平面布置、体型、立面造型、场地布置等还受到其周围建筑、道路、绿化等环境的限制。在进行建筑设计时,应根据其所在地区的自然及环境特点来进行,脱离自然与环境来做设计是难以想象的。

(3)建筑设计标准、规范、规程

建筑设计必须根据设计项目的性质、内容,依据相关的建筑标准、规范完成设计工作。常用的主要标准、规范有:

①《民用建筑设计统一标准》(GB 50352—2019)。

②《房屋建筑制图统一标准》(GB/T 50001—2017)。

③《住宅设计规范》(GB 50096—2011)。

④《建筑设计防火规范》(GB 50016—2014)。

除此之外,各类建筑如中小学校、旅馆、商店等都有其相应的规范,设计人员必须遵守各种规范与标准来完成设计工作。

(4)建筑模数

建筑工业化是大多数国家解决大量房屋建筑问题的关键。我国实现建筑产业现代化实际上是工业化、标准化和集约化的过程。没有标准化,就没有真正意义上的工业化;而没有系统的尺寸协调,就不可能实现标准化。以住宅产业为例,我国住宅发展的最终目标应是实行通用住宅体系化,积极推进定型化生产、系列化配套、社会化供应的部件发展模式。如图 1-4 所示

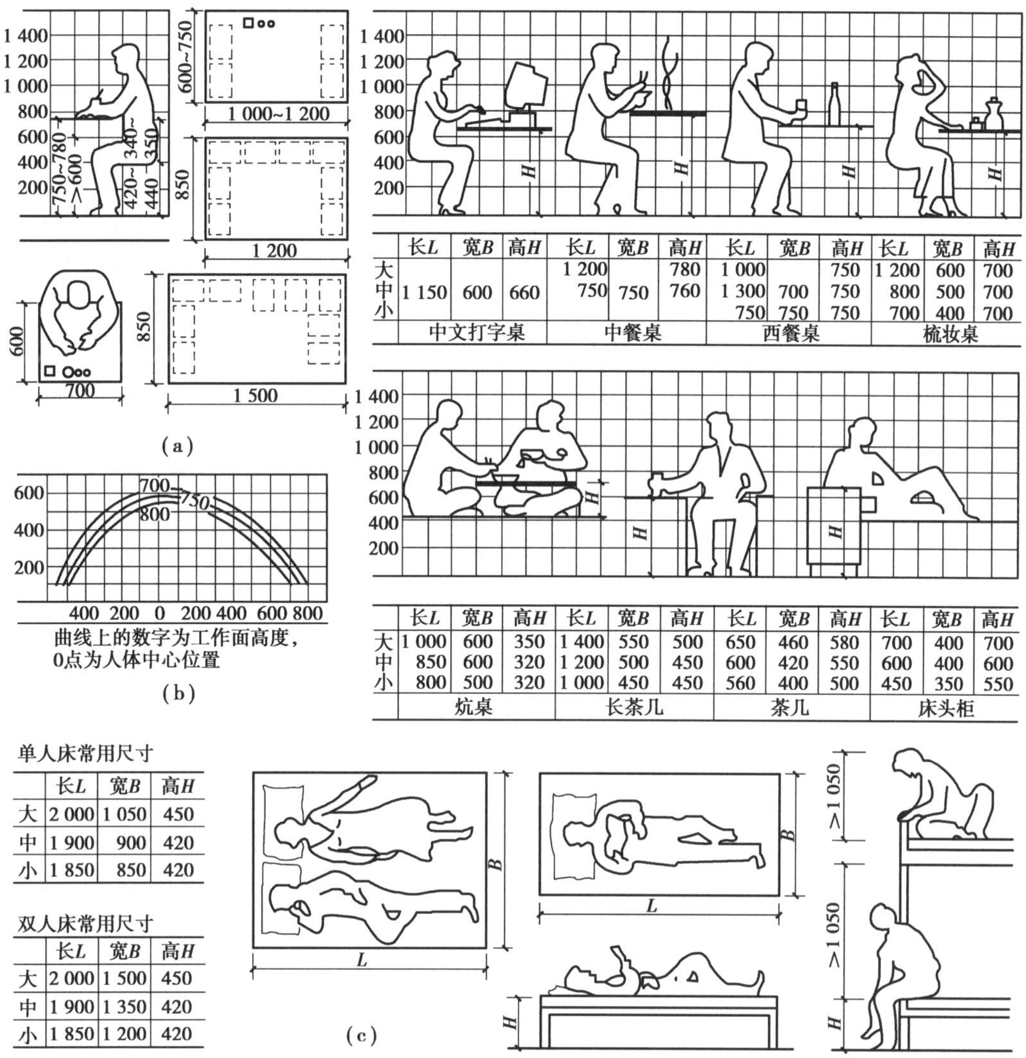

	长L	宽B	高H	长L	宽B	高H	长L	宽B	高H	长L	宽B	高H
大				1 200		780	1 000		750	1 200	600	700
中	1 150	600	660	750	750	760	1 300	700	750	800	500	700
小							750	750	750	700	400	700
	中文打字桌			中餐桌			西餐桌			梳妆桌		

	长L	宽B	高H	长L	宽B	高H	长L	宽B	高H	长L	宽B	高H
大	1 000	600	350	1 400	550	500	650	460	580	700	400	700
中	850	600	320	1 200	500	450	600	420	550	600	400	600
小	800	500	320	1 000	450	450	560	400	500	450	350	550
	炕桌			长茶几			茶几			床头柜		

单人床常用尺寸

	长L	宽B	高H
大	2 000	1 050	450
中	1 900	900	420
小	1 850	850	420

双人床常用尺寸

	长L	宽B	高H
大	2 000	1 500	450
中	1 900	1 350	420
小	1 850	1 200	420

图 1-3　人体与家具关系尺度部分常用图例

(a)桌、台的尺寸、尺度；(b)在不同高度工作面上的右臂舒适范围；(c)床的尺度

为模数化空间网格示例，它所表达的就是遵循模数协调原则，实现建筑部件的标准化和工业化。

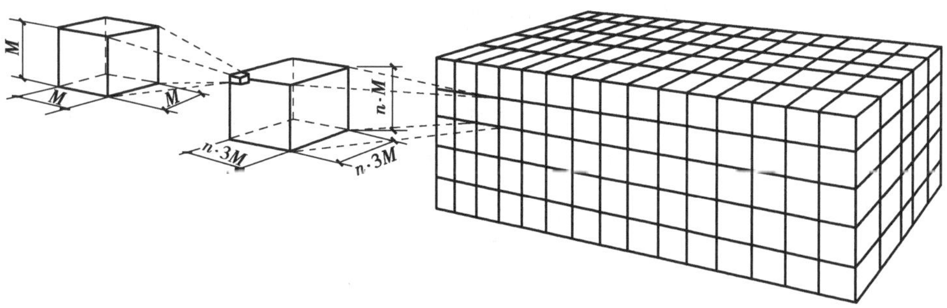

图 1-4　模数化空间网格示例

为了推进房屋建筑工业化，实现建筑或部件的尺寸和安装位置的模数协调，我国制定了《建筑模数协调标准》(GB/T 50002—2013)。

模数(module)是指选定的尺寸单位，作为尺度协调中的增值单位，分为基本模数和导出模数。基本模数(basic module)是模数协调中的基本尺寸单位，用 M 表示。基本模数的数值为 100 mm(1 M = 100 mm)。整个建筑物和建筑物的一部分以及建筑部件的模数化尺寸，应是基本模数的倍数。导出模数分为扩大模数和分模数，其基数应符合下列规定：扩大模数(multi-module)是基本模数的整数倍数，扩大模数基数应为 2 M、3 M、6 M、9 M、12 M 等；分模数(infra-modular size)是基本模数的分数值，一般为整数分数，分模数基数应为 M/10、M/5、M/2。

模数数列(modular array)是指以基本模数、扩大模数、分模数为基础，扩展成的一系列尺寸，需要根据功能性和经济性原则确定：建筑物的开间或柱距，进深或跨度，梁、板、隔墙和门窗洞口等分部件的截面尺寸，宜采用水平基本模数和水平扩大模数数列，且水平扩大模数数列宜采用 $2n$ M、$3n$ M(n 为自然数)；建筑物的高度、层高和门窗洞口高度等宜采用竖向基本模数和竖向扩大模数数列，且竖向扩大模数数列宜采用 n M；构造节点和分部件的接口尺寸等宜采用分模数数列，且分模数数列宜采用 M/10、M/5、M/2。如图 1-5 所示为模数数列应用示例。

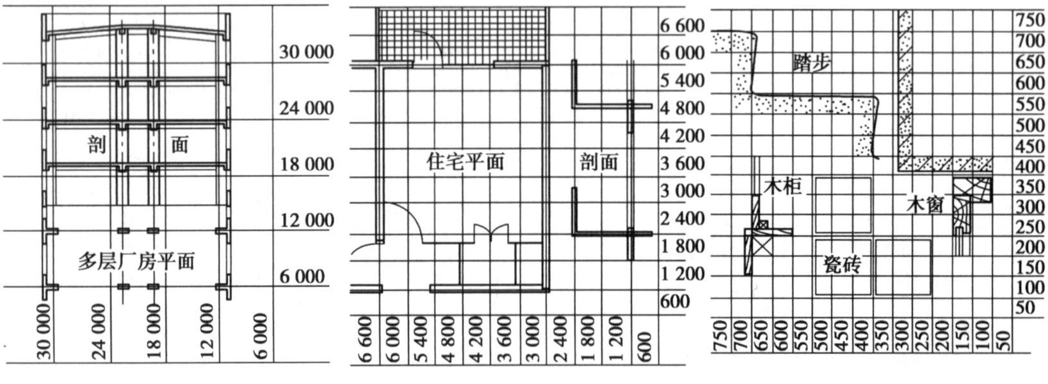

图 1-5　模数数列应用示例

(a)适用于扩大模数 60 M 数列；(b)适用于扩大模数 6 M 数列；(c)适用于分模数 1/2 M 数列

模数协调(modular coordination)是指应用模数实现尺寸协调及安装位置的方法和过程，包括尺寸和安装位置各自的模数协调、尺寸与安装位置之间的模数协调。

1.5　建筑模数协调统一标准

为了使不同材料、不同形式和不同制造方法的建筑制品、建筑构配件和组合件实现工业化大规模生产，并具有较大的通用性和互换性，以加快设计速度，提高施工质量和效率，降低建筑造价，建筑设计应遵守国家规定的《建筑模数协调标准》(GB/T 50002—2013)。建筑模数是选定的标准尺度单位，作为尺度协调中的增值单位，也是建筑物、建筑构配件、建筑制品以及有关设备尺寸相互间协调的基础。

(1)建筑模数制

1)基本模数

基本模数是模数协调中选用的基本单位,其数值为 100 mm,其符号为 M,即 1 M = 100 mm。整个建筑物或其中的一部分以及建筑组合件的模数化尺寸,应是基本模数的倍数。

2)扩大模数

扩大模数是基本模数的整数倍,有水平扩大模数和竖向扩大模数。

①水平扩大模数的基数为 3 M、6 M、12 M、15 M、30 M、60 M,主要适用于建筑物的开间、进深、柱距、跨度、门窗洞口、结构配件的尺寸。

②竖向扩大模数的基数为 3 M、6 M,主要适用于建筑物的高度、层高和门窗洞口等尺寸。

3)分模数

分模数是用整数除基本模数的数值。分模数的基数为 M/10、M/5、M/2,主要适用于构件之间的缝隙、构造节点、构配件断面等尺寸。

4)模数数列

模数数列是指以基本模数、扩大模数、分模数为基础扩展成的一系列尺寸。模数数列的幅度及适用范围如下:

①水平基本模数的数列幅度为 1 ~20 M,主要用于门窗洞口和构配件断面尺寸。

②竖向基本模数的数列幅度为 1 ~36 M,主要用于建筑物的层高、门窗洞口和构配件断面等尺寸。

③水平扩大模数的数列幅度:3 M(3 ~75 M);6 M(6 ~96 M);12 M(12 ~120 M);15 M(15 ~120 M);30 M(30 ~360 M);60 M(60 ~360 M),必要时幅度不限。主要用于建筑物的开间或柱距、进深或跨度、构配件尺寸和门窗洞口等尺寸。

④竖向扩大模数的数列幅度不受限制,主要用于建筑物的高度、层高和门窗洞口等尺寸。

⑤分模数的数列幅度:M/10(1/10 ~2 M);M/5(1/5 ~4 M);M/2(1/2 ~10 M)。主用于缝隙、构造节点、构配件断面尺寸。

(2)建筑构件的尺寸

为保证建筑构件的设计、生产、安装各阶段有关尺寸间的相互协调,应明确标志尺寸、构造尺寸、实际尺寸的概念和相互关系,如图 1-6 所示。

①标志尺寸:用以标注建筑物定位轴线之间的距离(如开间、柱距、跨度和层高等),以及建筑构件、建筑制品、建筑组合件和有关设备位置界限之间的尺寸。标志尺寸必须符合模数数列的规定。

②构造尺寸:指建筑构件和建筑制品等的设计尺寸。一般情况下,构造尺寸加上缝隙尺寸等于标志尺寸。缝隙尺寸的大小应符合模数数列的规定。

③实际尺寸:指建筑构件、建筑制品等的实有尺寸。实际尺寸与构造尺寸之间的差数应满足允许偏差幅度的限制。

图 1-6 所示剖面,表示预制板支承在横墙上的情况。从图中可见,预制板的标志尺寸即房间的轴线尺寸,它是基本模数或扩大模数的整数倍数。构造尺寸是考虑了构件施工安装的缝隙以后的设计尺寸,例如当轴线尺寸为 3 300 mm 时,楼板长度的标志尺寸即为 3 300 mm。考虑到楼板安装缝隙为 20 mm,板的设计长度则定为 3 280 mm,该数值即为构造尺寸。实际尺寸是构件加工后的实有尺寸,它应控制在构造尺寸及其允许的误差范围以内。

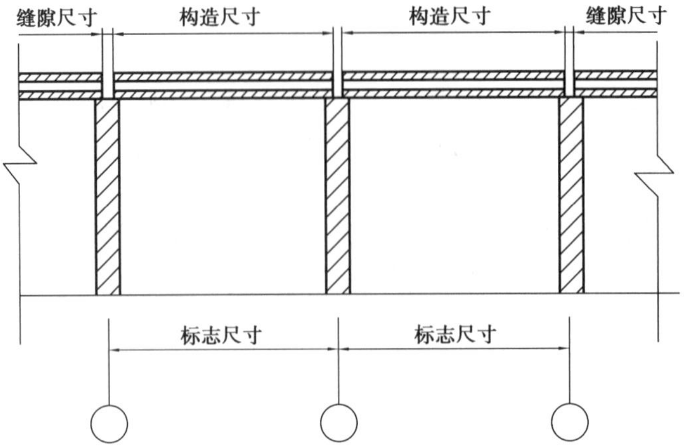

图 1-6　几种尺寸的关系

1.6　建筑的发展趋势

1.6.1　向空中发展——高层建筑俗称摩天大楼

高层建筑是利用少量用地，向高空发展，以多层重叠相同平面造出，内部空间数量甚多，外部形象高矗挺拔的一种建筑形式。高层建筑要权衡利弊。其主要使用特点是：

①能节省昂贵的地皮，增大容积率，缩短城市道路各种工程管线，在经济上是优越的。

②近几十年来，各国高层建筑的造型特点大致可分为标志性、高科技性、纪念性、生态性、装饰性和文化性等类型。

③从技术上讲，楼高百米，地震和大风对它的影响绝不可忽视；此外，防火、安全隐患以及适用性都令人担忧。

近年来，全球各地拔地而起的摩天大楼绝大多数出现在亚洲国家和地区，如香港、上海、台北、吉隆坡等地，这是因为亚太地区经济腾飞。反观欧美国家，主要高楼大厦均是在 20 世纪 60—70 年代西方经济蓬勃发展时兴建的。由此可见，兴建摩天大楼与经济发展密切相关。纽约的帝国大厦、香港的汇丰银行大楼、马德里的毕加索大厦、吉隆坡的双子塔大厦、上海的环球金融中心大厦等，已成为所在城市的象征。

1.6.2　向地下延伸——地下建筑

地下建筑是一部分城市功能在地下空间中的具体体现和主要补充，大量的地下工程实践如地铁、地下街道、地下厅室、江底隧道、地下民防工程、近海城市间的海底通道等，显示出其在城市建设中的优越性：①节约城市用地；②节约能源；③改善城市交通；④减轻环境污染；⑤有利城市防灾减灾；⑥扩大城市空间容量；⑦提高城市生活质量；⑧有利于建设循环经济和节约型社会。总之，地下建筑为城市的高度现代化，以至未来城市的建设，开辟了广阔前景。

现代地下建筑起源于地下铁路和军事工程。从 1863 年伦敦建成 6 km 长的世界第一条地下铁路开始，世界各大城市相继建成了地铁。地铁不仅速度快，客运量大，缓解了地面交通的紧张状况，也为修建地下公路、地下人行道开了先河。在 20 世纪六七十年代，现代地下空间的开发利用达到了空前的规模，其开发量以日本为最高，美国次之。城市地下空间的功能已扩展为居住、商业、文化活动、生产贮存等方面。

1.6.3　智能建筑

信息与电子技术的飞速发展，是促进智能大厦产生的主要原因之一。构成智能大厦的三要素为建筑物、建筑设备和各类智能化系统。1984 年，世界第一幢智能大厦在美国康涅狄格州的哈特福特市正式诞生。它就是名为城市广场的 38 层商业办公大厦。

所谓“智能建筑”是综合计算机、信息通信等方面最先进的技术，使建筑物内的电力、空调、照明、防灾、防盗、运输设备等实现建筑物综合管理自动化、远程通信和办公自动化的有效运作，并使这三种功能结合起来的建筑。智能建筑由于具有高效、节能、舒适等突出优点，在欧、美、日及世界其他各地迅速发展，并引起普遍重视。20 世纪 80 年代，信息处理与通信技术的蓬勃发展，信息产业的不断壮大，计算机性能提高而价格大幅度下降，以及数字程控交换机、光纤通信、卫星通信、局域网与广域网等方面所取得的较大发展，为智能建筑的兴起奠定了基础。可以说，智能建筑是信息时代的产物。智能建筑的含义是随着科学技术的进步而不断完善的，当今科学技术正处于调整发展阶段，其中很多高科技成果应用于智能建筑，它的内容与形式在不断变化，这充分体现了智能建筑的强大生命力和广阔发展远景。

1.6.4　智能化住宅（俗称电子住宅）

未来的电子住宅潜力无限，科学技术将使我们梦想变成现实。

最先提出智能化居家构想的是美国电脑界的巨子比尔·盖茨。他的那栋建在西雅图坡地、华盛顿湖畔，由普通建筑材料与芯片、软件组成的现代化别墅，让人心驰神往。

一栋智能化住宅，已不是我们传统意义上的家了，或许把它称作一个由智能机器人管理的家更为合适。这个“机器人”管家，由一个电脑控制中心连接着大大小小数十个甚至上百个显示器和电脑，它的显示扫描装置可以识别、跟随主人，并记录下主人的习惯、嗜好、作息时间等，还可以将主人与其他家庭成员或客人相区别。如主人回家时，它会奏起主人喜欢的乐曲，自动开启房门迎接主人，它的虹膜识别装置能通过人的眼睛识别主人，陌生人即使模仿主人，带上主人的面具，也休想踏进房门一步；清晨，它会按时叫醒主人，并打开卧室的窗帘，通过气象感知器调整房间适宜温度与光线；晚上它会自动开启和关闭室内的照明灯，使防盗报警装置进入工作状态；厨房里的电脑会帮助主妇炒菜做饭，或主人只需说明想吃食品的名称，计算机管家就会在网络上找餐馆为主人订一份晚餐等。也许不用很多年，一部分人就会住进这种智能化住宅，在机器人和计算机安排得井井有条的舒适环境中享受美好生活。

1.6.5　生态建筑与绿色建筑

所谓生态建筑，简而言之就是将生态学原理运用到建筑设计中而产生的建筑。生态建筑根据当地的自然生态环境，运用生态学、建筑学以及现代高新技术，合理安排和组织建筑与其他领域相关因素之间的关系，与自然环境形成一个有机的整体。它既利用天然条件与人工手段制造良好的富有生机的环境，同时又要控制和减少人类对于自然资源的掠夺性使用，力求实现向自然索取与回报之间的平衡。它寻求人、建筑（环境）、自然之间的和谐统一。

绿色建筑的概念贯穿于建筑设计、建筑施工、建造安装、使用和拆毁的全过程。概括而言，其内容包括：①节能、节省以及减少对环境的影响；②建筑的再利用；③建筑材料的再结合；④再循环。绿色建筑显示了环境科学、经济学和工程技术所取得的卓越成就。如绿色住宅带给住户的将是舒适、良好的空气品质、高工作效率和低运转费用。

生态建筑≠绿色建筑≠节能建筑。

生态建筑＝(绿色＋健康)建筑。这一等式，正反映出生态建筑对自然和人的双重关怀，体现建筑、人、环境的协调与和谐的发展，体现出人对环境的友善。

1.6.6 未来的新型建筑

(1)现代化的装配式建筑

所谓装配式建筑即工地现场的建筑材料完全是由工厂运来的半成品(预制构件)，施工队在现场对地基做一定处理后，对半成品进行房屋的组装。如现代化的装配式住宅有以下功能：节能；隔音；防火；抗震；外观不奢华，长期使用不开裂、不变形、不褪色；为厨房、厕所配备各种卫生设施提供有利条件；为改建、增加新的电气设备或通信设备创造可能性。

(2)仿生建筑

随着科学技术的发展，建筑与生物的联系日益密切。建筑仿生学是现代化仿生学中的一个重要分支，它研究生物的结构和功能，并在建筑设计和制造中加以模仿，进而开发新材料和新结构。例如，2008 年北京奥运会主会场宛如一个生动的“鸟巢”。仿造自然生物的壳体结构，建筑仿生学专家们创造出了“壳体设计”。大量工程实践足以证明生物的某些特征是经过亿万年的不断进化而形成的，它是大自然的杰作，是人类取之不尽的知识源泉。

(3)海洋城市与建筑

由于世界人口迅速增长，人类活动范围日益扩大，随着科学技术和生产力的发展，建筑师们把陆地的建筑物建在海上。因此，各具特色的海洋城市和建筑应运而生。

海上城市建在离海岸较远的公海上。它是直径数百米的圆形建筑物，周围有坚固的混凝土防波堤，以阻挡海浪冲击。水上部分除道路、花园、电影院、体育场之外，还有商店和工厂。深海开发出来的矿物、海上收获的水产品，就在这里加工或装船外运。如美国、日本已建多处海上城市，新加坡建起了一座世界最大的海上旅馆。世界上共有 10 多个海上机场、20 多条海底隧道等。目前，一些发达国家的建筑学家和海洋专家制定了许多宏伟、新奇的海上城市和建筑的规划。

此外，还有未来空中建筑和月球工厂等。

1.7 我国建筑节能现状及其发展目标

1.7.1 建筑节能的含义

节能，是指加强用能管理，采取技术上可行、经济上合理以及环境和社会可以承受的措施，减少从能源生产到消费各个环节中的损失和浪费，更加有效、合理地利用能源。

节能不能简单地认为只是少用能。节能的核心是提高能源利用效率。从能源消费的角度看,能源效率是指为终端用户提供的能源服务与所消耗的能源量之比。建筑使用过程中所消耗的能量,即通常所说的建筑耗能,在社会总能耗中占有很大的比例,而且社会经济越发达,生活水平越高,这个比例越大。

建筑节能是指提高建筑使用过程中的能源利用效率,主要包括采暖、通风、空调、照明、炊事、家用电器和热水供应等能源利用效率,即为居住者所提供的卫生舒适的居住条件与所消耗的能源量之比。其中采暖和降温消耗能量最多,所以建筑节能主要还是建筑(外墙体、屋面、地面等维护构件、门窗等)的保温隔热。只有建筑物的保温隔热做好了,其他的才不会是空谈。而且建筑维护结构、门窗的节能潜力在所有建筑节能途径中最大,达50% ~80%。因此,选用合适的主墙体材料、外墙保温材料和门窗材料,加强维护结构的保温隔热性能,提高门窗的保温隔热性能和气密性是建筑节能的根本途径。国家制定了不同地区的建筑节能标准,设计人员应参照执行。

1.7.2 建筑节能的现状

(1)墙体材料革新—建筑节能之基础

我国有960万km^2的国土面积,资源总量丰富。但是对于人均占有的资源,从表1-4可以看出我国是一个土地资源贫乏的国家。

表1-4 我国资源贫乏情况表

<table>
<tr><th>序号</th><th>资源名称</th><th>占世界人均占有量的比例</th><th>备注</th></tr>
<tr><td>1</td><td>煤</td><td>1/2</td><td rowspan="6">①耕地面积占国土面积的13%,人均耕地面积只有1.43 mu(1 mu≈666.71 m^2)
②淡水资源占全球总量的6%,是世界上13个缺水国家之一;全国600个城市中,400个城市供水不足,缺水城市达110个
③全国60%的城市污染严重,不宜居住</td></tr>
<tr><td>2</td><td>耕地</td><td>1/3</td></tr>
<tr><td>3</td><td>水</td><td>1/4</td></tr>
<tr><td>4</td><td>森林</td><td>1/6</td></tr>
<tr><td>5</td><td>石油</td><td>1/9</td></tr>
<tr><td>6</td><td>天然气</td><td>23</td></tr>
</table>

(2)推广新墙体材料和节能建筑是实现可持续发展的一项重要而紧迫的任务

墙体材料革新是综合利用废弃物、保护环境的最佳选择。目前我国每年生产各类工业废渣达1亿多t,累计堆存几十亿t,不仅占用了大量的土地,而且严重污染环境。生产新型墙体材料则可消耗大量的煤矸石、粉煤灰、建筑渣土及冶金和化工等行业产生的废渣。此法既可有效提高资源利用效率,改善环境,又可减少废渣堆存占用的大量土地,是发展循环经济的最佳选择。

(3)革新墙体材料和推广节能建筑是节约资源、改善建筑功能的有效途径

通过发展保温隔热等新型墙体材料,建造节能建筑,可以降低建筑使用过程中的采暖和空调能耗,实现能源的节约,也可以提高建筑质量和居住条件,改善人民的生活质量。多年来,节能型墙体体系还存在一些问题:

①加气混凝土等轻质材料砌成的节能型墙体体系保温效果不理想。这类砌筑材料仅适用于框架填充结构中非承重填充墙。

②重质墙体+粘贴式外墙保温体系在建筑外墙上的固定方式存在一定的安全问题。用锚固虽可进一步提高安全度，但对外墙饰面的抗裂以及对外墙保温体系的耐久性有些负面影响。同时，在防火安全方面，常见的外墙保温体系是否会“导火”也是一个问题。

③钢结构住宅体系是目前重点发展的一类新型建筑结构体系，但与之相配套的外墙材料和建筑配件尚很欠缺。

1.7.3 建筑节能发展目标

我国要全面建设小康社会，2020 年国民经济要翻两番，建材产业要与建筑业共同成为我国的支柱产业，墙体材料产业要走上节能、节地、消耗固体废物的发展道路，因此要做好如下几项工作：

①结合我国国情，发展复合墙体结构，实现建筑节能的目标。

②推广空洞率大于 25% 的烧结多孔砖和空心砌块，提高墙体的隔热保温性能。

③发展固体废物综合利用和节能技术，实现每年利用各种固体废渣 2 亿 t，节约 5 000 万 t 标煤的目标。

④尽快发展高质量轻质内隔墙板和外墙保温复合板，满足节能型框架结构和钢结构体系发展的需要。

1.7.4 提高国民节能意识

建筑节能是实现我国国民经济可持续发展，保护生态环境，高效利用自然资源的大政方针。要形成政府支持节能建筑，开发商投资开发节能建筑，设计人员注重设计节能建筑，业主购买、居住节能建筑的良性节能环境，并逐步形成广泛持久的社会风气。

第 2 章 建筑总平面设计

2.1 城市规划的要求

为保证城市发展的整体利益，同时也为确保建筑与总体环境的协调，建筑总平面设计必须满足城市规划的要求，同时应符合国家和地方有关部门制定的设计标准、规范和规定。

城市规划对于建筑总平面的设计要求一般包括：对用地性质和用地范围的控制，对容积率、建筑密度、绿地率、绿化覆盖率、建筑高度、建筑后退红线距离等方面指标的控制以及对交通出入口的方位规定等。它们对总平面设计尤其是布局形态的确定起着决定性的影响。

(1) 对用地性质的控制

城市规划管理部门根据城市总体规划的需要，对规划区域中的用地性质有明确限定，规定了它的适用范围，决定了用地内适建、不适建、有条件可建的建筑类型。

根据《城市用地分类与规划建设用地标准》(GB 50137—2011)，用地分类包括城乡用地分类和城市建设用地分类两部分。

城乡用地指市域范围内所有土地，包括建设用地与非建设用地。建设用地包括城乡居民点建设用地、区域交通设施用地、区域公用设施用地、特殊用地、采矿用地等，非建设用地包括水域、农林用地以及其他非建设用地等。

城市建设用地是指城市内的居住用地、公共管理与公共服务用地、商业服务业设施用地、工业用地、物流仓储用地、道路与交通设施用地、公用设施用地、绿地与广场用地。

对于某一具体建设项目来说，如果总平面设计中需做场址选择的工作，那么对用地性质的要求就十分关键，它限定了这一项目只能在某一允许的区域内选择其基地地块。对于先取得了用地，再进行开发的场地设计，用地性质的要求也是很重要的，它限定了该地块只能做一定性质的使用，而不能随意开发建设，比如在居住用地之中则不能建设工业项目。

(2) 对用地范围、建筑范围的控制

为加强对城市道路、城市绿地、城市历史文化街区和历史建筑、城市水体和生态环境等公共资源的保护，促进城市的可持续发展，我国在城乡规划管理中设定了红、绿、蓝、紫、黑、橙和黄 7 种控制线。“红线”是指规划管理部门批准的建设用地的控制线，“绿线”是指城市各类绿地范围的控制线,“蓝线”是指城市江河湖泊水域控制线,“紫线”是指各类历史文化遗产与风景名胜资源保护控制线,“黑线”是指城市电力的用地规划控制线,“橙线”是城市对其周边区域中重大危险源的安全防护界线,“黄线”是划定的城市重大基础设施用地的控制线。

规划对用地范围的控制多是由建筑红线与道路红线共同来完成的。另外,限定河流等用地的蓝线以及限定城市公共绿化用地的绿线,也可限定用地的边界。红线所限定的用地范围也就是用地的权属范围,除了某些特殊项目,比如公益建筑物或构筑物,经规划主管部门批准可突入道路红线建造之外,其他项目不允许超越红线布置。

道路红线是城市道路用地的规划控制边界线,一般由城市规划行政主管部门在用地条件图中标明。

用地红线是指各类建筑工程项目用地的使用权属范围的边界线。建筑红线也称建筑控制线,是建筑物基底位置的控制线,是基地中允许建造建(构)筑物的基线(图 2-1)。一般建筑红线都会从道路红线后退一定距离,用来安排广场、绿化及地下管线等设施。当基地与其他场地毗邻时,建筑红线可根据功能、防火、日照间距等要求,确定是否后退用地界线。

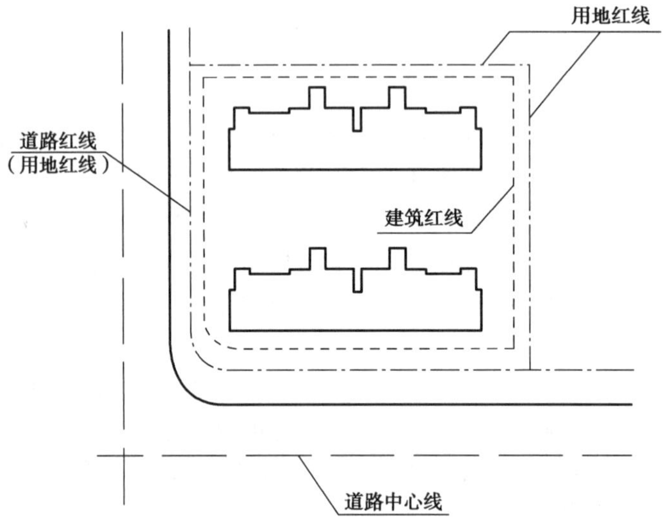

图 2-1　建筑控制线图示

蓝线是指城市规划管理部门按城市总体规划确定长期保留的河道规划线。为保证河网、水利规划实施和城市河道防洪墙的安全以及防洪抢险运输要求,沿河道新建建筑物应按规定退让河道规划蓝线。

城市绿化线是指在城市规划建设中确定的各种城市绿地的边界线。

(3)对用地强度的控制

规划中对基地使用强度的控制是通过容积率、建筑密度、绿地率等指标来实现的。通过对容积率、建筑密度和绿地率的限定,将基地的使用强度控制在一个合适的范围之内。用地面积是指可供场地建设开发使用的土地面积,其常用单位为公顷(1 ha = 15 亩 = 10 000 m^2)。

建筑面积是指建筑物(包括墙体)所形成的楼地面面积。建筑物的建筑面积应按自然层外墙结构外围水平面积之和计算,建筑物的外墙外保温层,应按其保温材料的水平截面积计算,并计入自然层建筑面积。

容积率是指基地内所有建筑物的建筑面积之和与基地总用地面积的比值，如图 2-2 所示。容积率是控制用地范围内建筑容量的重要指标，通过容积率的确定，严格控制用地内总建筑面积。不同建筑形态的容积率如图 2-3 所示。

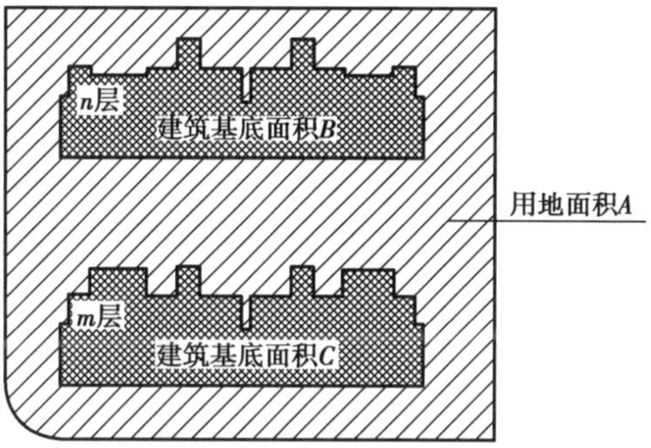

图 2-2　容积率、建筑密度、建筑层数关系图

建筑密度 = (B + C)/A　容积率 = (n × B + m × c)/A

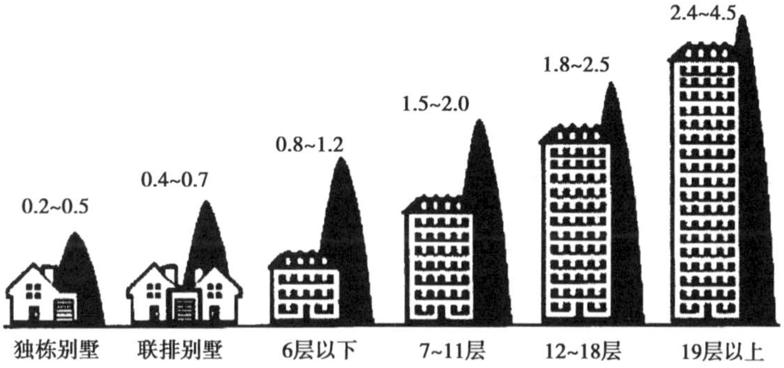

图 2-3　不同建筑形态的容积率比较

建筑密度是指基地内所有建筑物基底面积之和与基地总用地面积的百分比，如图 2-2 所示。它表明了场地内土地被建筑占用的比例，即建筑物的密集程度。建筑密度是控制用地空地（包括绿地、道路、广场、停车场等）数量的重要指标，通过建筑密度指标的合理确定，能保证建设用地所必需的道路、停车场地和绿地的面积，保证建筑物建成后内部的环境质量以及使用功能的正常运行。建筑密度的确定应考虑用地的使用性质、环境要求、建筑高度和容积率等方面的因素。

绿地率是指基地内绿化用地总面积与基地总用地面积的百分比。绿地率的控制可明确基地内进行绿化的土地面积，保证基地建成后的绿地环境质量。绿地率指标的确定与基地的使用性质，建设项目对绿化环境的要求以及城市或地区对建设基地的要求等因素有关。如新建居住区绿地率不低于 30%；旧城改造区绿地率不低于 25%；学校、医院、机关团体、公共文化设施等单位的绿地率不低于 35%。

（4）建筑形态

建筑形态的控制是保证城市整体的综合环境质量，创造具有地域特色、文化特质的和谐统一城市面貌而确定的，主要针对文物保护地段、城市重点区段、风貌街区及特色街道附近的场地，并根据用地功能特征、区位条件及环境景观状况等因素，提出不同的限制要求。

常见的建筑形态控制内容有建筑高度、建筑形体、艺术风格、群体组合、空间尺度、建筑色彩、装饰构件等。

建筑高度的确定分为以下两类。

第一类是机场、电台、电信、气象台、军事要塞工程、微波通信、卫星地面站及国家和地方公布的历史文化名城、文物保护区和风景名胜区内按净空要求控制建筑高度。即按建筑物室外地面至建筑物和构筑物最高点的高度计算。

第二类建筑高度:平屋顶应按建筑物室外地面至其屋面面层或女儿墙顶点的高度计算;坡屋顶应按建筑物室外地面至屋檐和屋脊的平均高度计算;下列凸出物不计入建筑高度内:

①局部凸出屋面的楼梯间、电梯机房、水箱间等辅助用房占屋顶平面面积不超过1/4者。

②凸出屋面的通风道、烟囱、装饰构件、花架、通信设施等。

③空调冷却塔等设备。

除了上述几方面的要求外,城市规划对交通出入口的方位、建筑主要朝向、主入口方位等方面的要求,在建筑总平面设计中也应同时予以满足。

2.2 影响总平面设计的主要因素

建筑物在基地总平面中的布置,既影响建成后环境的整体效果,又反过来成为建筑在设计之初必须考虑的外部条件,本节将对影响总平面设计的一些因素作大致介绍。

2.2.1 用地大小、形状和道路走向

用地大小、形状直接影响建筑的层数、平面布局、外轮廓形状和尺寸。在同样能满足使用要求的情况下,功能分区各个部分可采用较为集中紧凑或分散的布置方式。这方面除了和气候条件、节约用地以及管道设施等因素有关外,还和用地大小、形状有关。

一般来说,在规整、平坦的基地上,当用地面积较小时,可采用单一体量、简洁的总平面形式或多体量、布局紧凑的平面形式;当用地面积较大时,多建设规模大、功能关系复杂的公共建筑,一般采用分散、多形体组合的平面,如可采用L形、Ⅱ形、I形、口形以及由此派生出来的其他平面形式。遇到狭窄、形状不规整的基地时,考虑建筑的性质和使用要求,结合场地的具体情况,可设计为圆形、三角形、梯形、Y形、扇形或其他不规则的平面形式(图2-4)。

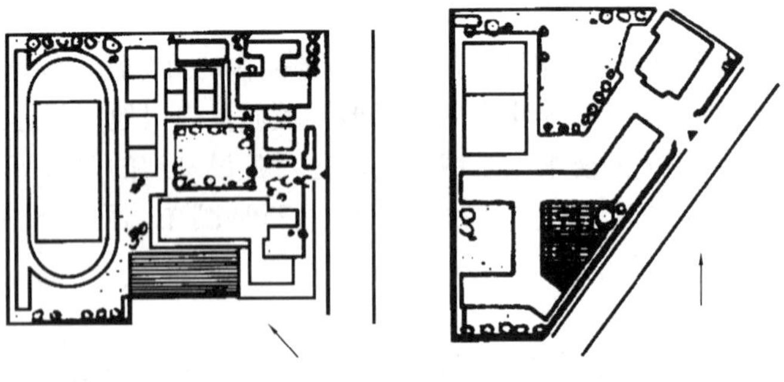

图2-4　用地大小、形状及道路走向对建筑总平面的影响

道路的走向决定了人流和车流的方向,人流和车流的方向是影响总平面功能分区、出入口设置、建筑物主要朝向的主要因素。一般来说,场地中交通量大的区域、对外联系较多的区域

和公共性较强的区域应靠近外部交通流线布置,而比较私密的、需要安静的区域则需远离交通较繁忙、人车流量大的外部道路布置。此外,对于人流量和车流量大而集中、交通组织比较复杂的建筑物,前面要设计较大的场地来满足人流车流集散的要求,布局设计上要合理安排停车场的位置和面积。若是居住型等对安静度和私密性要求较高的场地,则应将主要的出入口避开外部的人车来向设置,同时可设置一些绿化或构筑设施等加以分隔,以免造成干扰(图 2-5)。

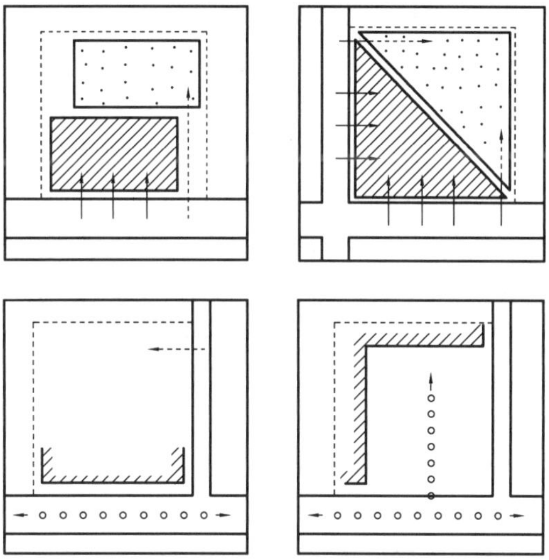

图 2-5　外围交通条件对总平面设计的制约

图 2-6 所示为贝聿铭所设计的美国国家美术馆平面图。该美术馆的东馆基地形状为梯形,为了结合地形,贝聿铭用一条对角线把梯形分成两个三角形:一个是等腰三角形,面积较大,作展览馆使用;另一个是直角三角形,为研究中心和行政管理机构用房。这种处理方式在结合基地形状的同时,还使两大功能的组成在体型上有了明显的区别,可谓构思巧妙。

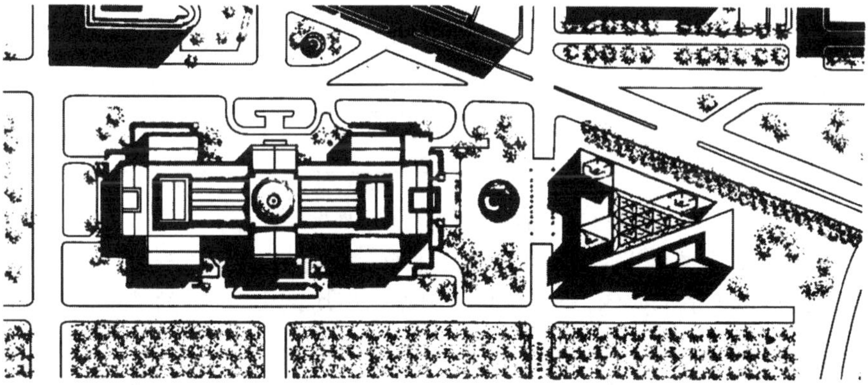

图 2-6　美国国家美术馆平面图

2.2.2　用地环境因素

任何建筑物都不是孤立存在的,它与周围的建筑物、道路、绿化、建筑小品等密切联系,受到周边环境的制约,进行总平面设计时要从外部环境和内部环境两方面来考虑。

(1)外部环境

通过了解用地在城市中的位置、在建成区中的位置、与周边建筑环境的关系、城市交通网络中的交通情况等,借此确定它在城市中所扮演的角色。当用地是在具有历史特征、民族特色或乡土风格的区域,如西方的集中式建筑或中国的园林式建筑,地域文化和城市结构会对总平面的布置产生较大的影响。个体的场地应顺应城市的整体形态,容纳于城市的结构关系之中而不是游离于外。图2-7所示为城市结构对总平面设计的制约。

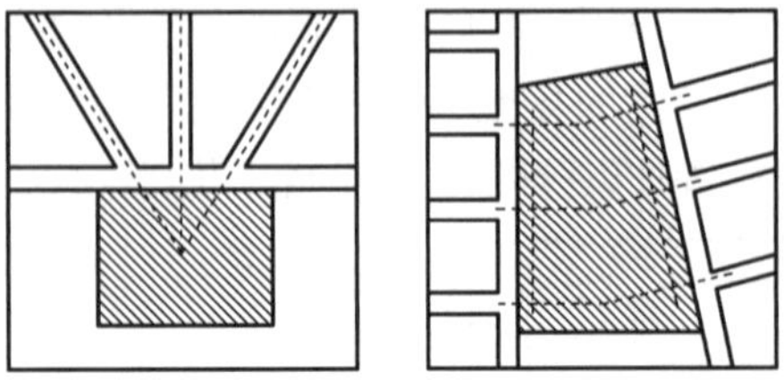

图2-7　城市结构对总平面设计的制约

用地周边的建筑环境(包括用地周边建筑物的形态和城市肌理等)影响着新建建筑物的布局形式、体型、体量的大小高低。在设计过程中要考虑新建建筑与现有建筑环境的内在关联,是呼应、协调还是对比、冲撞。不论采取何种关联方式,都不应该影响周边建筑物的使用功能,如日照遮挡、噪声影响、有害气体污染等。另外,消防问题也是不可忽略的安全问题,相关规范严格规定了各类建筑物之间的防火间距,以及消防车可通行的道路与建筑物之间的关系,在设计时要严格遵守。

在考虑项目及场地的内容组成时,应参照周围场地的配置方式,比如相邻场地中都有较大面积的绿化,在新的设计中则应该相应地扩大绿化的面积以保持与相邻场地的协调。如果相邻的场地多采取比较规则严整的布局形式,那么新的设计最好不要过于自由,应该形成明确一致的肌理关系。场地中各元素的具体形态应与周围其他同类要素相一致,比如周围的景观处于比较自由的形态,那么新设计的广场、庭院等景观要素的风格也不应过于严肃。图2-8所示为相邻场地状况对总平面设计的制约。

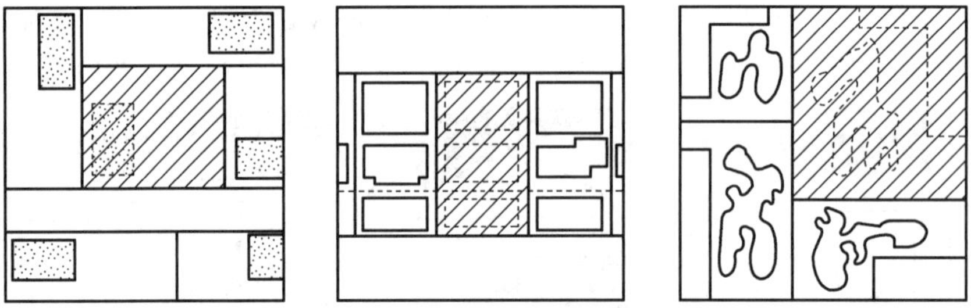

图2-8　相邻场地状况对总平面设计的制约

图2-9所示为位于德国卡尔斯鲁厄的海因里奇·赫布森职业学校的场地平面图,该校的用地位于南北向城市干道的西侧,分布在两个相邻的街坊之中,街坊的结构十分统一,均是建筑围合在街坊的外周,内部是封闭或半封闭的内院。学校的场地设计采用了与相邻场地相一致的布局模式。建筑物没有处理成一个以自我为中心的集中式的大体块,而是分成了3个部分,采取了填充式的形态,分别围在两个街坊的转角处,使原有的街坊结构变得更为完整,原有的街道立面也被延续了下来,在街坊内部是同样围合关系的内院。南面一栋建筑的底层设有过街通道,使原有位于两个街坊之间的通道被顺延了下来。新的设计充分重视了邻近场地的状况条件,体现了对周围环境肌理关系的尊重。

(2)内部环境

一个项目的用地可能是曾经建设过的,存有一些原来的建筑物、道路、广场、地下工程管线

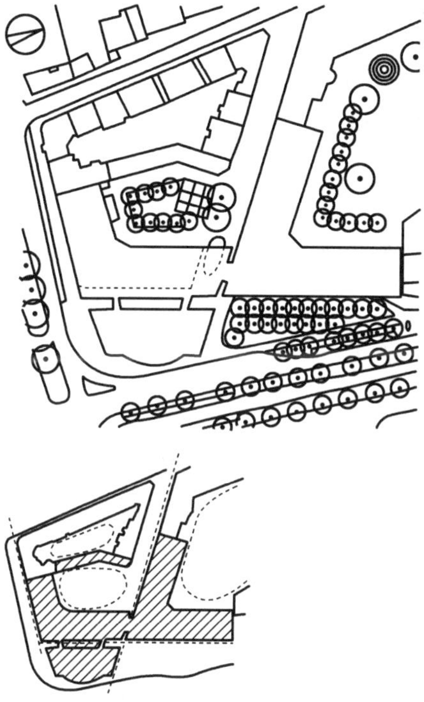

图2-9 海因里奇·赫布森职业学校

设施等,它们不可避免地会对设计产生影响,要考虑如何对待现有建筑物,是拆除还是保护,是保留原貌还是改造利用,是简单地保留还是新旧融为一体。

当原有的内容较少或状况较差,时间久而没有历史价值,或者原有内容与新项目的要求差距较大时,由于原有内容很难被利用,设计中可以采取拆除重新建设的办法;当用地存留的内容具有一定规模,状况较好,并且与新项目的要求接近(例如用地上原有一栋多层建筑,待建的建筑也是多层的),这时应采用利用、改造与新建相结合的办法。

如果基地中原有的建筑物、建筑小品、广场等具有历史价值,那么总平面设计时就应该加以保护利用,并给予它与其历史价值相应的地位。当建设的项目是一个增建、扩建类的项目时,基地原有建筑条件的重要性会进一步增强,新设计无论是在功能的组织上还是在形态的安排上都必须以现状条件为基础来展开。

图2-10所示为意大利拉提纳公共图书馆的场地平面图。在最终的三栋建筑物中,A栋是新建的图书馆主体,B,C两栋是基地中根据业主意向保留并改造作为公共活动空间的原有建筑。如图2-11所示,由于原有建筑所处的位置,尤其是C栋与基地轮廓的关系,以及它的形态都明确显示了三角形基地的对称中轴线,场地的区域划分、新建建筑的朝向选择、场地中道路的开辟、对外出入口的设置均体现了对称性。新建建筑和原有两栋建筑将场地自然地划分为三段,每段各以一个建筑为中心。由于B栋建筑本身形式并非对称,因而其他内容的布置通过环形的道路和绿化来强调对称性,突出这一区域的核心地位。总体看来,场地的结构关系的形成十分自然,形成了一种朴素的秩序感。

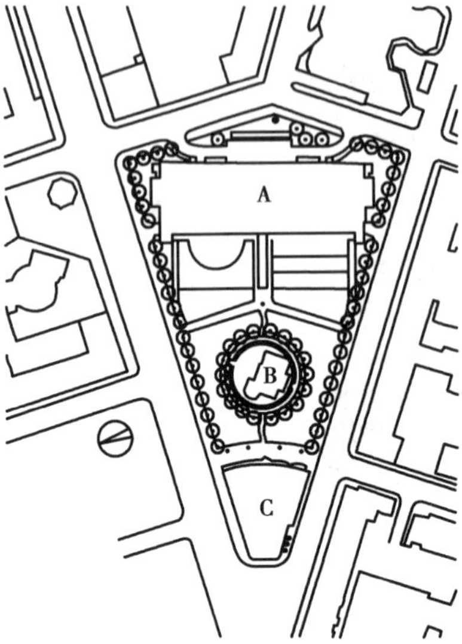

图 2-10　意大利拉提纳公共图书馆

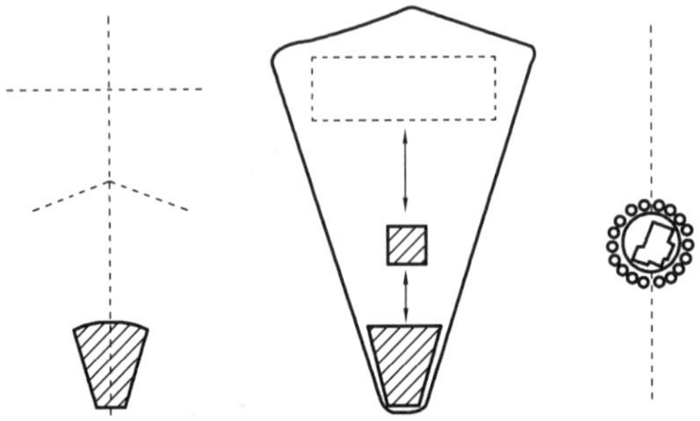

图 2-11　保留建筑对总平面设计的影响

2.2.3　用地地形条件

地形条件指地形的起伏，地面坡度大小、走向，设计中应以适应和利用为主，因地制宜有利于生态环境保护，同时也经济合理。如果对自然环境进行彻底改造，必将破坏原始的风貌，带来巨大的土方量，使建筑造价大为增长。

地形对设计制约作用的强弱与地形自身的复杂程度相关。在地形变化小、地势平坦、地块形状规整的条件下，设计自由度大，可以有多种布局形式。反之，复杂的地形常常可以为设计提供特殊条件，会影响场地的分区方式、建筑布局的空间结构关系，影响内部交通组织方式、出入口的定位、道路的选线等，如图 2-12 所示。如果能够巧妙地利用，不仅可以具有良好的经济效益，还可以赋予方案鲜明的特色。

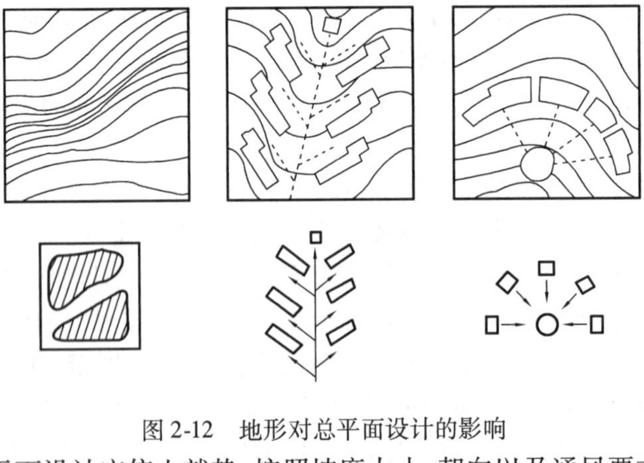

图 2-12　地形对总平面设计的影响

坡地建筑的总平面设计应依山就势，按照坡度大小、朝向以及通风要求，使建筑布局、平面组合、剖面关系与地形条件紧密结合。对坡地上建筑位置的选择主要有平行于等高线和垂直于等高线两种布置方式。

当基地坡度小于 25% 时，可以将房屋平行于等高线布置，这种布置方式可减少土方和基础工程量。如果建筑建在坡度 10% 左右的基地上时，可将建筑勒脚调整到同一标高上；或者可以采取一些其他办法，例如可以平整一部分土地来建房，或采取错层的办法使建筑局部适应高差，或分层设置入口。

当基地坡度大于 25%，房屋平行于等高线布置对朝向、通风采光、排水均不利时，常采用垂直或斜交于等高线的布置方式。如果基地坡度较陡，建筑物可以顺势逐层增加面积，也可以利用室外的台阶通向不同楼层各自的入口。有时建筑物与基地的等高线斜交，相当于减小了地面的坡度，可以考虑进行错层设计。图 2-13 所示为建筑物与等高线的关系。

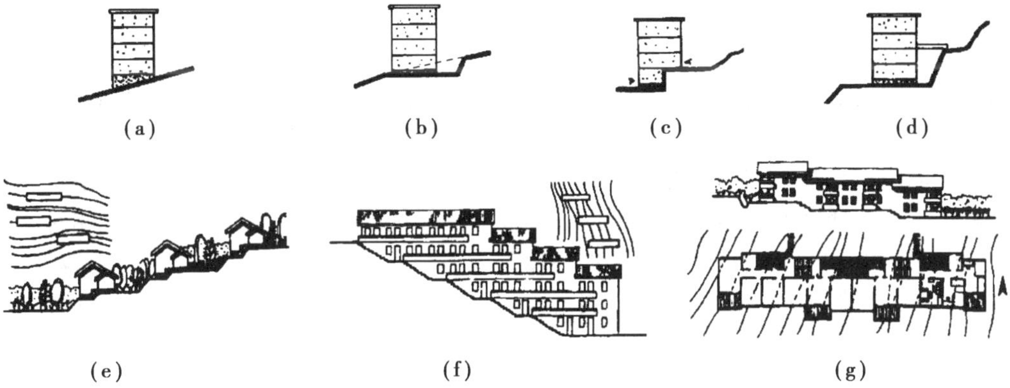

图 2-13　建筑物与等高线的关系

(a)前后勒脚调整到同一标高；(b)筑台；(c)横向错层；(d)入口分层设置；
(e)平行于等高线布置；(f)垂直于等高线布置；(g)斜交于等高线布置

图 2-14 所示为澳大利亚尤拉勒旅游区第二旅馆，该旅馆的基地位于澳大利亚中部的一个国家公园附近。该旅馆的主体建筑物呈反“S”形布置，其他场地内容位于建筑物的包围之中。很显然这种整体形态是根据地形的条件而形成的，主体建筑物的走势依附于地形，建筑物对其他内容的包容关系实际上也就是山体对它们的包容关系。

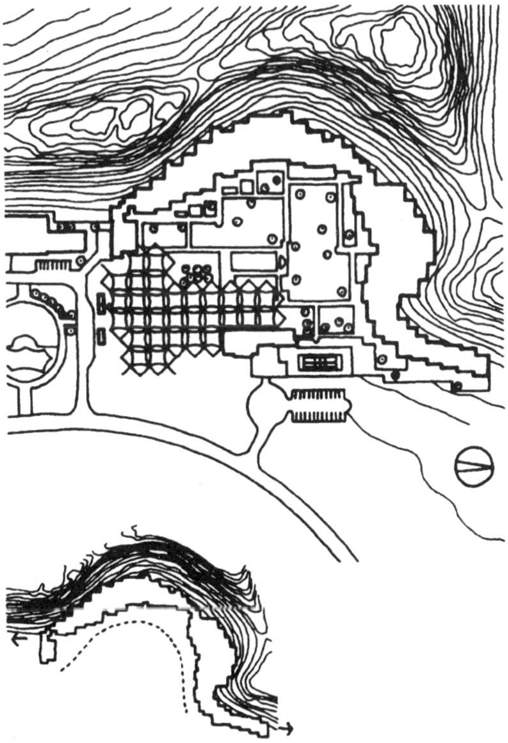

图 2-14　澳大利亚尤拉勒旅游区第二旅馆

2.2.4　建筑朝向和间距

(1)朝向

影响建筑物朝向的因素主要有日照和风向，同时要考虑景观条件以及与街道的配合。如果出现矛盾，要根据实际条件，从全局出发综合考虑。

不同季节，太阳的位置、高度都在发生着有规律的变化。根据我国所处的地理位置，建筑物采取南向或南偏东、南偏西向能获得良好的日照，这是因为冬季太阳高度角小，射入室内的光线较多，而夏季太阳高度角大，射入室内的阳光较少，可以获得冬暖夏凉的效果。

在考虑日照对建筑平面组合的影响时，也不可忽视当地夏季和冬季的主导风向对建筑的影响。主体朝向迎向夏季的主导风向有利于获得更好的夏季通风效果，避开冬季主导风向，可防止冬季冷风的侵袭。高层建筑的布局应防止形成高压带和风口。同时，适当的绿化配置可有效防止或减弱冬季冷风对场地的侵袭。

对于人流集中的公共建筑，房屋的朝向主要考虑人流走向、道路位置和相邻建筑的关系；对于风景区的建筑，则应以创造景观作为确定朝向的主要因素。因此，合理的建筑朝向还应考虑建筑物的性质、用地环境等因素。

(2)间距

建筑物之间的距离，主要应根据日照、通风等卫生条件与建筑防火安全要求来确定，还应综合考虑防止声音和视线的干扰，以及地形利用和建筑空间处理等问题。

日照间距通常是确定建筑间距的主要因素。建筑日照间距的要求是保证后排建筑的底层窗台高度处，在冬季能有一定的日照时间。房间日照时间的长短，是由房间和太阳相对位置的变化关系决定的，这个相对位置以太阳的高度角和方位角表示，它和建筑物所在的地理纬度、建筑方位以及季节、时间有关。通常以当地大寒日正午12时的太阳高度角(图2-15)，作为确定建筑日照间距的依据，日照间距的计算式为：

$$L=\frac{H}{\tan\alpha}$$

式中　L——建筑间距；

H——前排建筑檐口和后排建筑底层窗台的高差；

α——大寒日正午的太阳高度角(当建筑位于正南向时)。

在实际建筑总平面设计中，通常是结合日照间距、卫生要求和地区用地情况，作出对建筑间距 L 和前排建筑的高度 H 比值的规定，如 L/H 等于0.8、1.2、1.5等，L/H 称为间距系数(图2-16)。

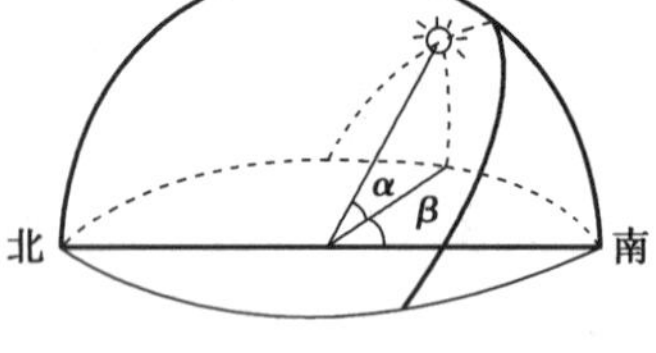

图2-15　太阳高度角和方位角

α—高度角;β—方位角

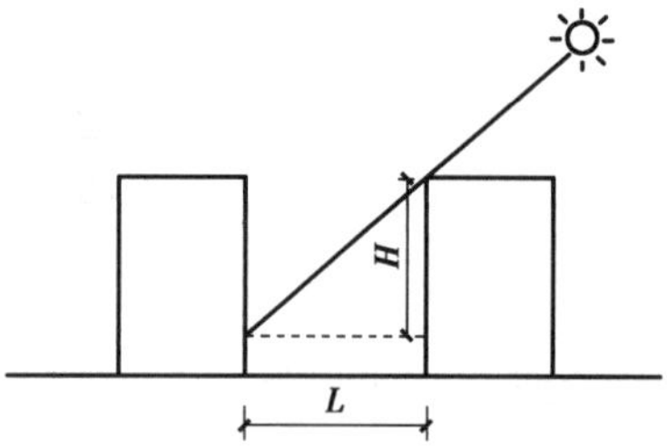

图2-16　建筑物的日照间距

对于有的建筑，由于所处的周围环境和功能要求的差别，对建筑间距有特殊的限制，例如，中小学各类教室的外窗与相对的教学用房或者室外运动场地的边缘间的距离不应小于25 m；医院病房的前后间距除应满足日照要求之外，不宜小于12 m。

2.2.5　气候与小气候

气候条件是设计的基础资料，包括气温、日照、降雨、风向等。气候条件因建筑物用地所处地域的不同而有较大的差异。

建筑物的布局应适应当地的气候特点，要考虑寒冷或炎热地区的采暖保温或通风散热的要求。一般寒冷地区建筑物宜采用封闭的集中式布局，比较规整紧凑的平面形态可以减少体形系数，利于冬季保温；炎热地区的建筑物宜采取开敞的分散式布局，有利于散热和自然通风。

当采取集中布局时，建筑物在场地中多呈现出较独立的形式，相应的其他内容也会较为集中；分散式布局会把基地划分成几个区域，建筑物与其他内容多会呈现出穿插状态。在场地中有多栋建筑时，布局则应考虑室外活动区域的向阳或背阴的需要，同时考虑夏季通风线路的形成。适当的绿化配置可有效防止或减弱冬季冷风对场地的侵袭。水池、瀑布、喷泉等人造水景可调节空气的温湿度，改善局部的干湿状况。气候与小气候对总平面设计的影响如图 2-17 所示。

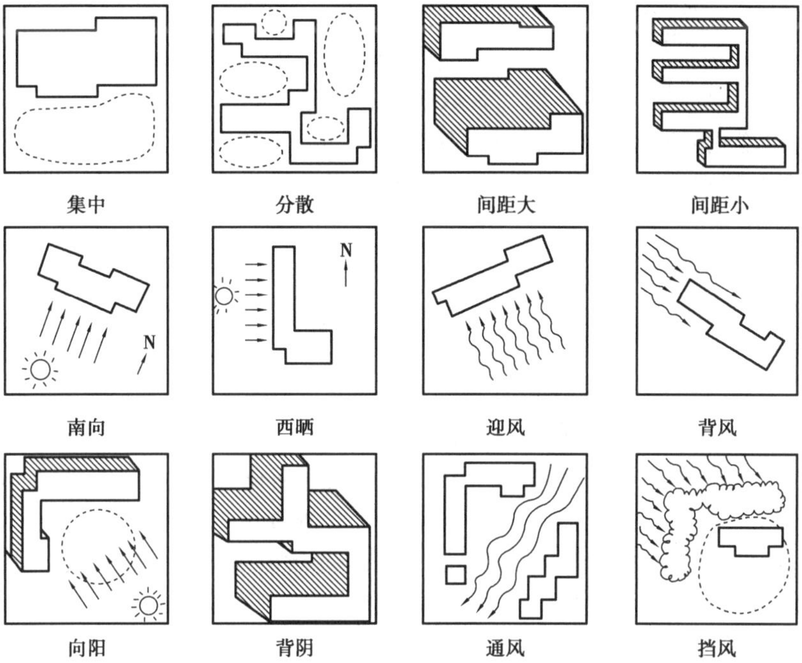

图 2-17　气候与小气候对总平面设计的影响

图 2-18 所示路易 · 康设计的印度经济管理学院学生宿舍区就是典型的例子，该项目位于印度的阿赫姆得巴德，地势低平，气候干旱炎热，条件十分严酷。学生宿舍区的布置充分考虑了小气候的营造，建筑没有采取大块的集中形式，而是分解成了一个个小的单元，单元的密集组合形成了疏松多孔的效果，孔洞形成的一条条通风道通向南侧的湖面，使得湖面上的凉风能充分渗透到各个角落，形同一个巨大的散热器，同时也创造了良好的遮阴效果。

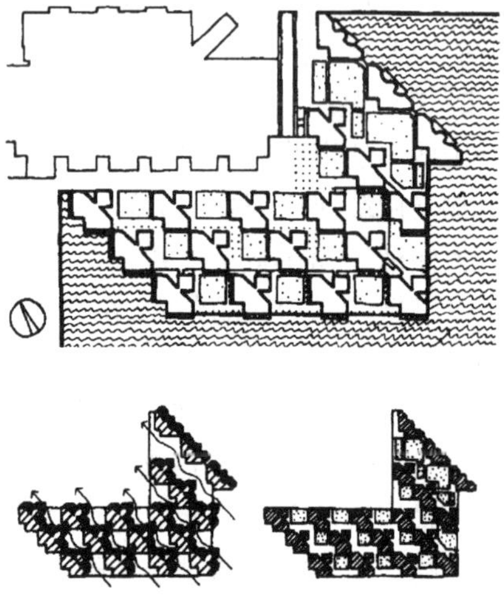

图 2-18　印度经济管理学院学生宿舍区

2.2.6　地质水文条件

基地的地下情况包括地面以下一定深度土的特性，基地所处地区的地震情况、地表、地下水位的条件。这些因素关系到场地中建筑物位置的选择和地下工程设施、管线的布置方式及地面排水的组织方式。

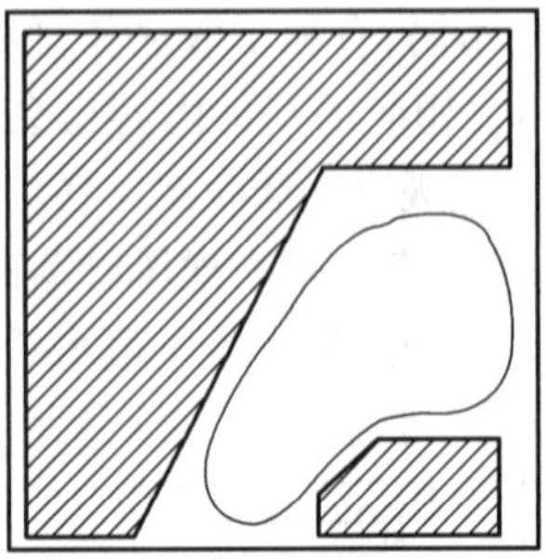

图 2-19　建筑物避开不良地质区域的布置

地质条件包括地质构造和地震烈度。地面以下一定深度内由土、砂、岩石等组成,其不同特性关系到地基承载力的大小,将会影响建筑物位置的选择和形态的确定。地震烈度的级数不同,对地面及建筑物的破坏程度不同。在烈度为 6 度以下的地区原则上不考虑设防,但 6 度及以上的地区必须进行地震设防。同时,建筑物的布局应避开有不良地质现象(主要有冲沟、崩塌、滑坡、断层、岩溶、采空区等)的部分(图 2-19),并采取相应的处理措施。

地下水深度变化能够影响工程地基和基础处理的质量与安全。地表水体要注意流量、流速和水位的变化,特别是最高洪水水位和频率,从而考虑防洪排涝的措施。此外,场地排水径流、坡度也要顺畅。

2.3　基地道路交通的设计

道路是场地中组织生产、生活活动所必需的车辆、行人通行往来的通道,是联系场地内各个组成部分并与外部环境相贯通的交通枢纽。道路的走向在一定程度上影响着沿路建筑的日照、通风和景观等。道路是建筑物的依托,也是步行者活动的主要空间。

建筑总平面设计中,道路交通系统的布置是总体布置的重要部分之一,它直接影响着场地的各地块的使用功能,也影响着场地中各项内容的位置安排。

1)道路布置原则

道路布置要满足交通运输多种行车功能的同时,还要满足人、车安全;道路选线应尽量节省场地并应留有良好的建筑条件;道路布置应利用自然地形,节约土方量和投资;在场地内尽量形成环形路,避免尽端式道路,在道路尽端可设回车场。

2)道路设计

场地内的道路应平坦坚固、宽度适宜、坡度平缓、线路流畅、安全适用、对环境干扰少。场地内常采用缓速坡等技术措施限制机动车的行驶速度,以保证场地环境的安静及安全。

为保证车辆在交叉口处右转弯时能以一定的速度安全、顺畅地通过,道路需在车辆转弯处满足车辆做曲线运动的条件,在交叉口处的缘石应做成圆曲线形式,圆曲线的半径 R 称为缘石(转弯)半径。

道路等级不同,设计车速不同,转弯半径取值不同。一般的主干道 $R=20\sim25$ m,次干道 $R=10\sim15$ m,支路 $R=6\sim9$ m。为节省道路用地和建设费用,在保证车辆安全行驶的前提下应尽量采用机动车最小转弯半径,如图 2-20 所示。

道路宽度按行车通过量及种类确定。单车道 3.5 m,考虑与自行车共用,取 4.0 m;双车道 6~7 m,考虑与自行车共用,取 7 m;人行道不小于 1.0 m;供消防车通行的道路宽度不小于 4 m。

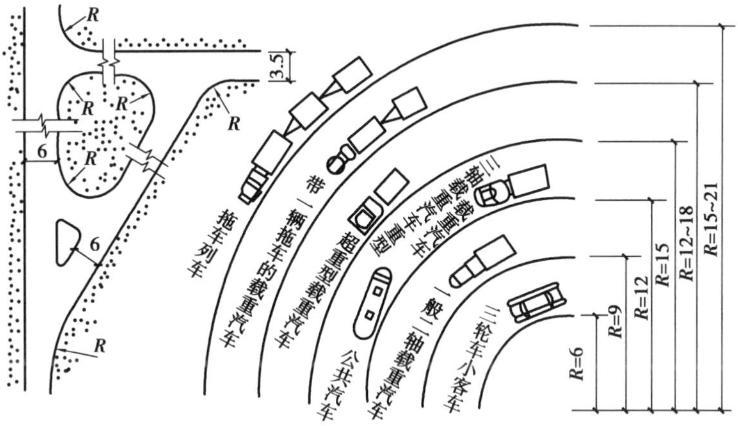

图2-20　机动车最小转弯半径

为保证道路上行车的安全，不影响相邻建筑物的正常功能，住宅至道路边缘的最小距离应该按规范预留。

3）小型停车场设计

停车场是指供各种车辆（包括机动车和非机动车）停放的露天或室内场所。机动车停放应以占地面积小、疏散方便、保证安全为原则。公共建筑附近停车场的停车泊位数量，主要取决于该公共建筑的使用功能、建筑面积、客流量等，与公共建筑所处区位、服务对象等也有直接关系。设计时应满足当地规划、交通等主管部门的规定，或根据项目的具体情况，并参照表2-1所列出的有关建议指标予以确定。

表2-1　公共建筑配建机动车停车位建议指标

类别	单位	停车位数	类别	单位	停车位数
宾馆	每客房	0.3~0.6	医院	每1 000 m^2 建筑面积	4.5~6.5
办公楼	每1 000 m^2 建筑面积	6.5	购物中心	每1 000 m^2 建筑面积	10
商业	每1 000 m^2 建筑面积	4.5~6.5	学校	每100名学生	0.5~0.7
体育馆	每100座位	2.0~4.2	高档别墅	每户	1.3
电影院	每100座位	3.5	普通住宅	每户	0.50
展览馆	每1 000 m^2 建筑面积	7	餐饮	每1 000 m^2 建筑面积	1.2~7.5

注："停车位数"是指标准当量（小型汽车）停车位的数量。

一般地面停车场用地面积，每个标准当量停车位宜为25~30 m^2。摩托车停车场用地面积，每个停车位宜为2.5~2.7 m^2。自行车公共停车场用地面积，每个停车位宜为1.5~1.8 m^2。

一般机动车停车场内的主要通道宽度不得小于6 m。主要停车方式有平行式、垂直式和斜列式3种。设计时选用的小型车标准车型尺寸宜为4.9 m×1.8 m×1.6 m（长×宽×高），考虑汽车与墙、柱之间应有一定空间便于打开车门、行驶和调头，则一个小轿车标准车位尺寸为2.5 m×6.0 m。

第 3 章 建筑平面设计

3.1 平面设计的内容

3.1.1 平面设计的内容

建筑平面设计包括单个房间平面设计和平面组合设计两个方面。

单个房间平面设计是在整体建筑合理而适用的基础上,确定房间的面积、形状、尺寸以及门窗大小和位置。平面组合设计是根据各类建筑的功能要求,确定建筑平面各组成部分特征及其相互关系、使用要求,综合基地环境和其他条件,采取不同的组合方式将各单个房间合理地组织起来。

3.1.2 平面的功能组成

各种类型的建筑按使用功能一般可以归纳为两个组成部分,即使用部分和交通联系部分。使用部分是指建筑物中的主要使用房间和辅助使用房间,并通过交通联系部分将主要使用房间和辅助使用房间联结成一个有机的整体。

主要使用房间是建筑物的核心,由于人们生活方式和习惯对所使用的房间有生理、行为和精神上的不同需求,必然形成了不同的空间样式。如住宅中的起居室、卧室;学校建筑中的教室、实验室;商业建筑中的营业厅等都是构成各类建筑的主要空间。

辅助使用房间是为保证主要使用房间正常及方便使用的要求而设置的。与主要使用房间相比,其设计的条件及要求相对要低一些,如厨房、厕所、储藏室、各种设备用房等。

交通联系部分是建筑物中各个房间之间、楼层之间和房间内外之间联系通行的空间,如各类建筑物中的走廊、门厅、过厅、楼梯间、电梯间等。

图 3-1 所示为某中学教学楼平面图。该教学楼平面通过门厅、走道、楼梯将各部分连接成有机整体。很显然,教室、实验室、办公室是主要使用房间,而卫生间是辅助使用房间,门厅、楼梯间、走道则起着交通联系的作用。

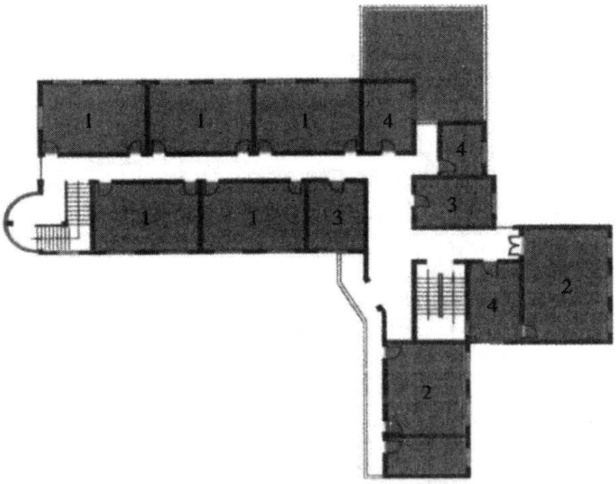

图 3-1　某中学教学楼底层平面图

1—教室;2—实验室;3—办公室;4—卫生间

3.2　主要使用房间的平面设计

主要使用房间是建筑物的核心,由于它们的使用要求不同,形成了不同类型的建筑物,如住宅建筑中的起居室、卧室,教学建筑中的教室、办公室,商业建筑中的营业厅,影剧院的观众厅等都是构成各类建筑的基本空间。

从主要使用房间的功能要求来分类如下:

①生活用房间:居住建筑的起居室、卧室、宿舍等。

②工作学习用房间:各类建筑中的办公室、值班室,学校中的教室、实验室,图书馆中的阅览室等。

③公共活动空间:商场的营业厅,剧院的观众厅,博物馆和展览馆的陈列厅、展厅等。

一般来讲,生活、工作和学习用的房间要求安静、少干扰,由于人们在其中停留时间相对较长,因此希望能有较好的朝向;公共活动房间的主要特点是人流比较集中,通常出入频繁,因此室内活动和交通组织比较重要,特别是人流的疏散问题较为突出。

使用房间的设计要求如下:

①房间的面积、形状和尺寸要满足室内使用活动和家具、设备合理布置的要求。

②门窗的大小和位置,应考虑房间的出入方便、疏散安全、采光通风良好。

③房间的构成应使结构布置合理,施工方便,有利于房间之间的组合,所用材料要符合相应的建筑标准。

④室内空间以及顶棚、地面、各个墙面和构件细部,要考虑人们的使用和审美要求。

3.2.1　**房间面积的确定**

房间面积是由其使用面积和结构或围护构件所占面积组成的。以图 3-2 所示教室和卧室为例,其使用面积由以下三个部分组成:

①家具和设备所占的面积。

②使用家具设备及活动所需面积。

③房间内部的交通面积。

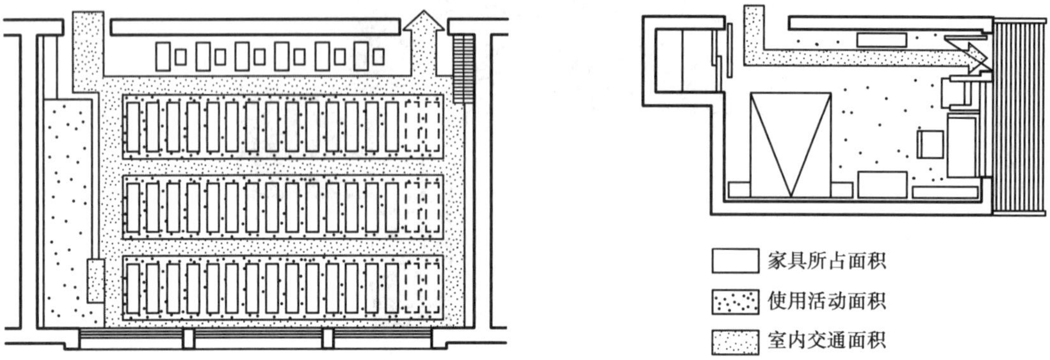

(a)　　(b)

图 3-2　教室和卧室使用面积分析

(a)教室;(b)卧室

上述三部分面积一旦分别确定,即房间的使用面积就被确定,再加上结构或围护构件所占面积,房间的面积就随之确定了。

影响房间面积大小的因素主要有两点:使用人数的多少和人体活动所占面积;家具设备的大小以及人们使用这些家具设备所占的面积。

在实际设计工作中,各类建筑主要使用房间面积的确定主要是依据我国有关部门颁布的建筑单体设计规范中规定的面积定额指标。设计人员根据房间的容纳人数及面积定额就可以得出房间的总面积。应当指出:每人所需的面积除面积定额指标外,还需通过调查研究并结合建筑物的标准综合考虑。表 3-1 是部分民用建筑房间使用面积定额参考指标。

表 3-1　部分民用建筑房间使用面积定额参考指标

项目建筑类型	房间名称	面积定额/($m^2 \cdot 人^{-1}$)	备　注
中小学	普通教室	1.1 ~ 1.12	小学取下限
	自然教室、实验室	1.57 ~ 1.8	小学取下限
	合班教室	≥1.0	
办公建筑	普通办公室	≥4	
	会议室	≥1.8	有会议桌
		≥0.8	无会议桌
铁路旅客车站	候车厅	1.1 ~ 2.0	普通候车厅取下限
港口客运站	普通候船厅	≥1.1	
剧院	观众厅	0.55 ~ 0.70	甲等剧院取上限
商场	营业厅	1.35 ~ 1.70	推小车选购取上限

续表

项目建筑类型	房间名称	面积定额/(m^2·人$^{-1}$)	备　注
饮食建筑	餐厅	0.85~1.3	一级餐厅取上限
图书馆	普通阅览室	1.8~2.3	儿童阅览室取下限
	专业参考阅览室	3.5	
	报告厅	0.8	

有些建筑个别房间面积指标在相关法规中未做规定，使用人数也不固定，如展览室、营业厅等，这就需要设计人员根据设计任务书的要求，对同类型且规模相近的建筑进行必要的调研，在有充分根据的前提下，经过比较分析合理确定其面积大小。

3.2.2　房间平面形状的确定

民用建筑的房间平面形状可以是矩形、方形、圆形和其他等多种形状，在设计中，应从使用要求、平面组合、结构形式与结构布置、经济条件、建筑造型等多方面进行综合考虑，选择合适的平面形状。

实际工程中，矩形房间平面在民用建筑中采用最多，其主要原因如下：

①便于家具设备布置，面积利用率高，使用灵活性大。

②结构布置简单，施工方便。

③矩形平面便于统一开间、进深，有利于平面及空间组合。

在某些特殊情况下，采用非矩形平面往往具有较好的功能适应性，或易于形成极富个性的建筑造型，下述几种情况就是很好的例子。

有特殊功能和较高视听要求的房间，如剧院观众厅、电影院观众厅、大会堂、报告厅为了追求良好的视听效果，往往采用六边形、钟形、扇形平面等，如图 3-3 所示。六边形平面声音反射效果不如钟形和扇形，但优于圆形；圆形平面极易造成声音聚焦，一般不予采用，但杂技团马戏表演时，圆形平面便于表演和有利于观众从各个角度观看，只有在技术上采取措施来弥补声音聚焦的缺陷。

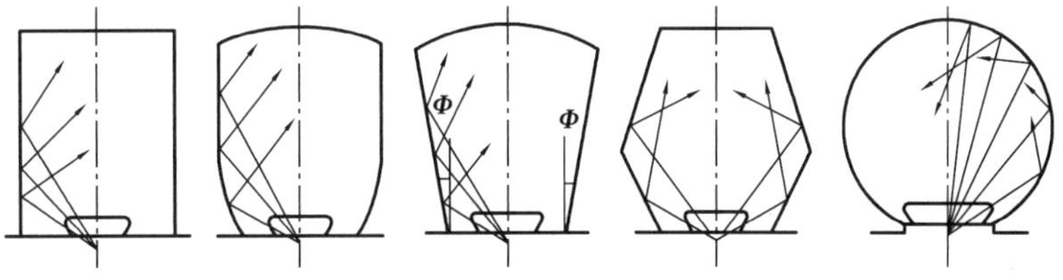

图 3-3　观众厅平面形状

为适应特殊地形或为了改变朝向防止西晒房间出现时，也可以采用异形平面。如某酒店为了避免客房西晒，将客房外墙做成折线形，如图 3-4 所示。

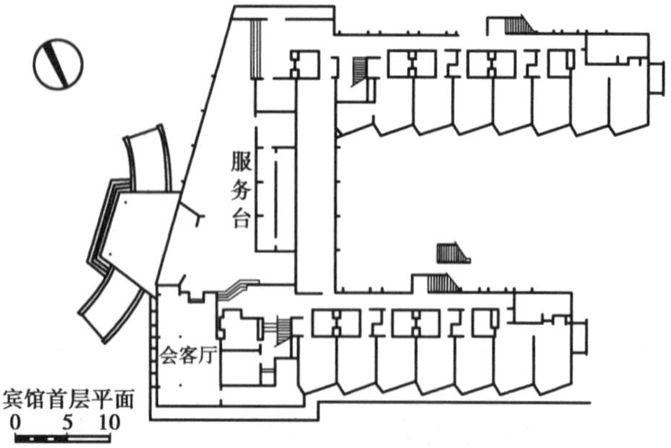

图 3-4　某酒店折线形外墙

3.2.3　房间尺寸的确定

房间尺寸通常是指房间的面宽和进深,而面宽往往可由一个或多个开间组成。在房间面积相同的情况下,面宽和进深有多种组合,因此要使房间尺寸合适,应根据以下几方面要求来综合考虑。

(1)满足家具设备布置和人体活动的要求

住宅建筑卧室的平面尺寸应考虑床(卧室中最重要的家具)的大小、与其他家具的关系以及设法提高床布置的灵活性。主要卧室由于有使用上的特殊性,要求床能够双向布置,因此开间尺寸应保证床在横向布置后,剩余的墙面还能开设一个门,常取 3.30 m,进深方向应考虑竖向两张床,或者纵横两张床中间加床头柜或衣柜,常取 4.50 m 左右。小卧室则必须保证纵放一张单人床后还能开设一扇门,故开间尺寸通常取 2.4 ~ 3.0 m,如图 3-5 所示。

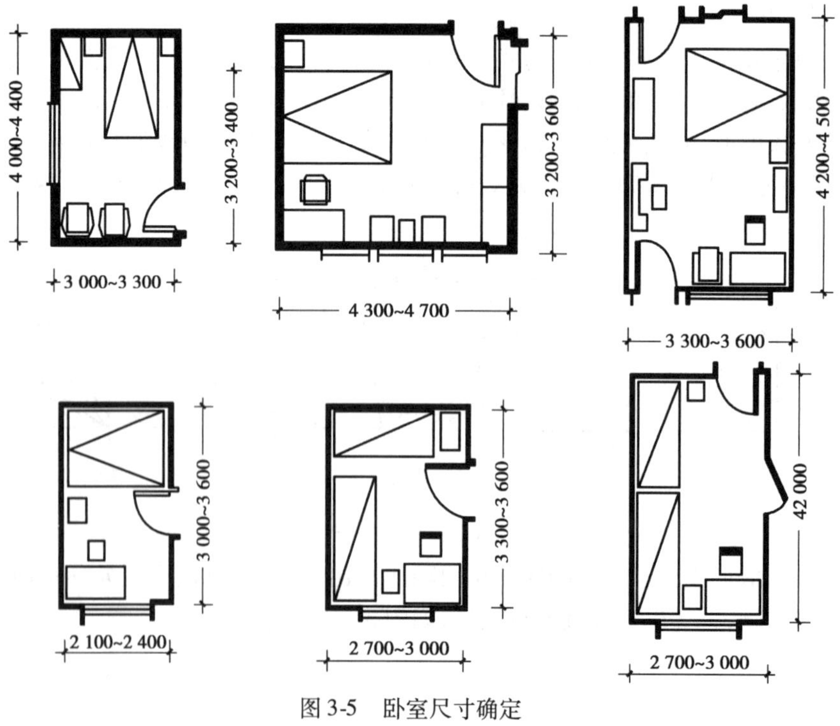

图 3-5　卧室尺寸确定

人们在使用不同家具设备的时候，人体活动的要求也直接影响到房间尺寸的确定，如图 3-6 所示。

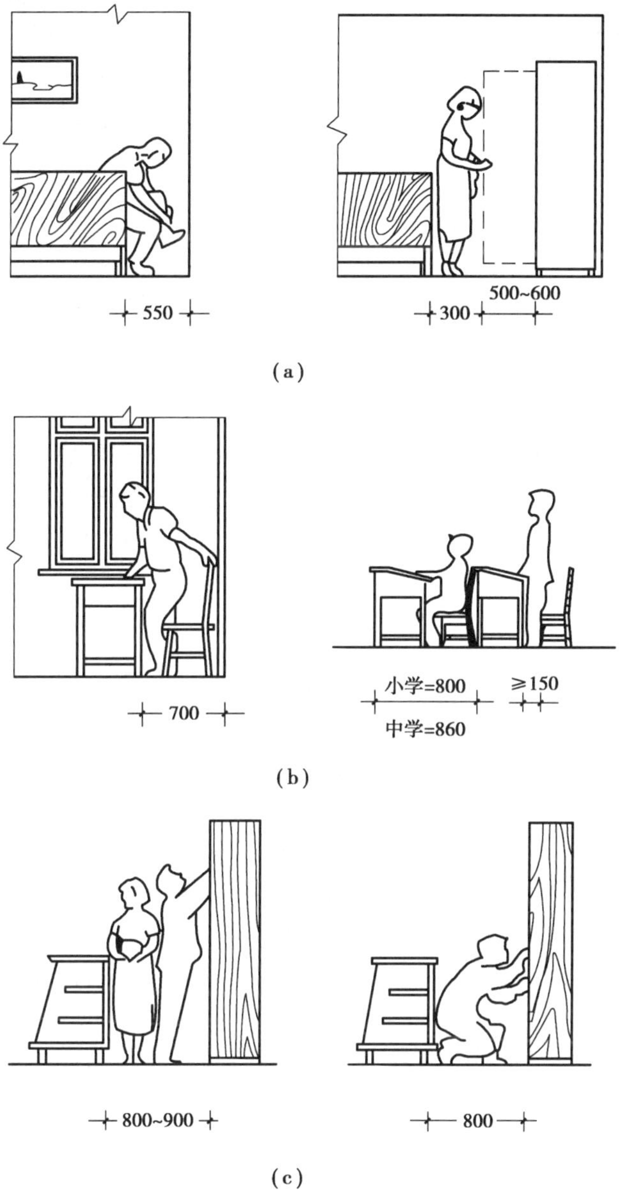

图 3-6　人体活动对于房间尺寸的影响

(a)卧室中；(b)教室中；(c)营业厅中

医院病房的开间进深尺寸主要是满足病床的布置和医护活动的要求，3 ~ 4 人病房开间尺寸常取 3.3 ~ 3.6 m，6 ~ 8 人病房开间尺寸常取 5.7 ~ 6.0 m，如图 3-7 所示。

(2)满足视听要求

有的房间如教室、会堂、观众厅等的平面尺寸，除了要满足家具设备布置及人体活动要求以外，还应重点保证良好的视听条件。为避免前两排靠边座位太偏，最后排座位太远，必须根据水平视角、视距、垂直视角的要求，认真研究座位的布置排列，确定出适合的房间平面尺寸。

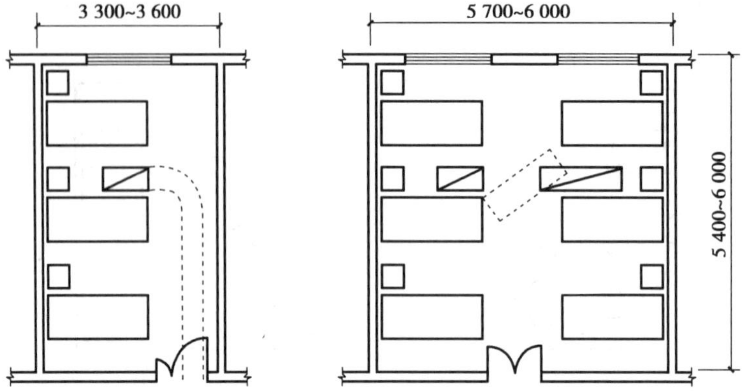

图 3-7　病房的开间和进深

下面以中学教室的视听要求来作一简要说明(图 3-8):

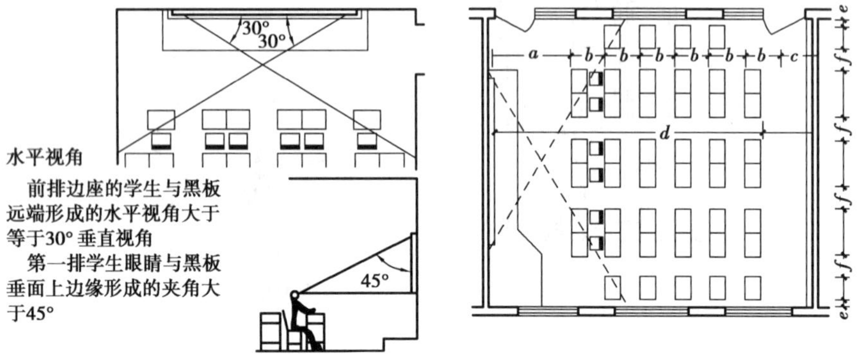

图 3-8　教室尺寸的确定

①为防止第一排座位离黑板面太近,垂直视角太大,易造成学生视力近视,因此第一排座位到黑板的距离必须大于等于 2.0 m,以保证垂直视角大于 45°。

②为防止最后一排座位离黑板面太远影响学生的视觉和听觉,最后一排至黑板面的距离不宜大于 8.5 m。

③为避免学生过于斜视而影响视力,水平视角(前排边座与黑板远端的水平夹角)应大于等于 30°。

(3)良好的天然采光

为保证房间的采光要求,一般单侧采光时进深不大于窗户上沿至地面距离的 2 倍,双侧采光时进深尺寸可比单侧采光增加 1 倍,即双侧采光时进深尺寸不大于窗户上沿至地面距离的 4 倍(图 3-9)。

(4)经济合理的结构布置

一般民用建筑常采用梁柱墙承重的梁板式结构或梁柱承重的框架结构体系。房间的开间、进深尺寸应尽量使构件标准化,同时使梁板构件符合经济跨度要求。较经济的开间尺寸不大于 4.2 m,钢筋混凝土结构梁的经济跨度不大于 9.0 m。

(5)符合建筑模数协调标准的要求

为了提高建筑工业化水平,统一构件类型,减少构件规格,房间的开间和进深应采用统一

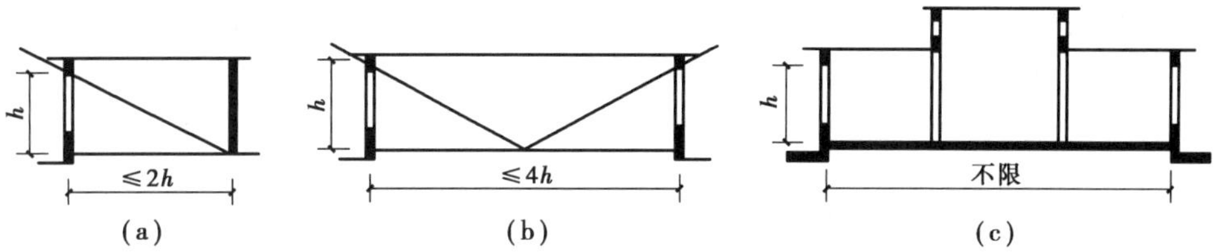

图3-9 采光方式对房间进深的影响
(a)单侧采光;(b)双侧采光;(c)混合采光

适当的模数尺寸。按照《建筑模数协调标准》(GB/T 50002—2013)的规定,房间的开间进深尺寸一般以3.0 m(即300 mm)模数。如办公楼、宿舍、旅馆等以小空间为主的建筑,其开间尺寸常取3.30~4.20 m,住宅楼梯间的开间尺寸常取2.70 m;中学教学楼平面尺寸通常取6.30 m×9.00 m、6.60 m×9.00 m、6.90 m×9.00 m等。

3.2.4 房间门的设置

房间的门是供出入和交通联系用的,也兼作采光和通风。门的设计内容包括门的宽度、数量、位置及开启方式。门的设计合理与否,将直接影响家具布置的灵活性、房间面积的有效利用、室内的交通组织及安全疏散、房间的通风和采光等。

(1)门的宽度和数量

平面设计中,门的宽度取决于人体尺寸、人流股数及家具设备的大小等。一般单股人流通行最小宽度为550 mm,一个人侧身通行需要300 mm宽,因此门的最小宽度一般为700 mm,公共建筑内的疏散门净宽度不应小于900 mm。《住宅设计规范》(GB 50096—2011)规定住宅建筑共用外门的洞口宽度不应小于1 200 mm,入户门的洞口宽度不应小于1 000 mm,起居室和卧室门的洞口宽度不应小于900 mm,厨房门的洞口宽度不应小于800 mm,卫生间门的洞口宽度不应小于700 mm。普通教室、办公室等的门应考虑一人正面通行,另一人侧身通行,常采用1 000 mm。有些较大的家具、设备出入的房间,如医院的病房,因为要考虑担架或者手术车出入,所以门开启以后的宽度应该在1 000 mm以上,通常采用大小扇门的形式。对于人员密集的公共场所、观众厅等,由于人流集中为保证紧急情况下人流迅速疏散,每樘门净宽度不应小于1 400 mm,且不应设置门槛。

门的净宽度在1 100 mm以内,一般采用单扇门。当门宽大于1 200 mm时,为了开启方便和少占面积,通常采用双扇门或者多扇门。双扇门的宽度可为1 200~1 800 mm,四门的宽度可为2 400~3 600 mm。

按照《建筑设计防火规范》(GB 50016—2014)的要求,公共建筑内房间的疏散门数量应经计算确定且不应少于2个。除托儿所、幼儿园、老年人建筑、医疗建筑、教学建筑内位于走道尽端的房间外,符合下列条件之一的房间可设置1个疏散门。

①位于两个安全出口之间或袋形走道两侧的房间,对于托儿所、幼儿园、老年人建筑,建筑面积不大于50 m^2;对于医疗建筑、教学建筑,建筑面积不大于75 m^2;对于其他建筑或场所,建筑面积不大于120 m^2。

②位于走道尽端的房间,建筑面积小于50 m^2 且疏散门的净宽度不小于0.9 m,或由房间内任一点至疏散门的直线距离不大于15 m;或建筑面积不大于200 m^2 且疏散门的净宽度不小于1.4 m。

③歌舞娱乐放映游艺场所内建筑面积不大于 50 m^2 且经常停留人数不超过 15 人的厅、室。建筑物房间内任一点到疏散门的最大直线距离 L 如图 3-10 所示，若建筑物内部全部设置自动喷水灭火系统时，最大直线距离取图 3-10 中括号内数值。最大直线距离 L 见表 3-2。

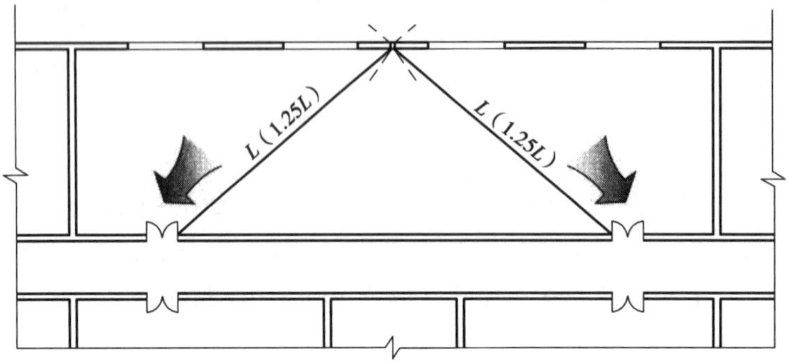

图 3-10　房间内任一点到疏散门的最大直线距离图示

表 3-2　房间内任一点到疏散门的最大直线距离 L(m)

名称			建筑的耐火等级		
			一、二级	三级	四级
托儿所、幼儿园、老年人照料设施			20	15	10
歌舞娱乐放映游艺场所			9	—	—
医疗建筑	单、多层		20	15	10
医疗建筑	高层	病房部分	12	—	—
医疗建筑	高层	其他部分	15	—	—
教学建筑	单、多层		22	20	10
教学建筑	高层		15	—	—
高层旅馆、展览建筑			15	—	—
其他建筑	单、多层		22	20	15
其他建筑	高层		20	—	—

剧院、电影院、礼堂和体育馆的观众厅或多功能厅等人员密集场所，其疏散门的数量及总宽度应根据使用人数、耐火等级等经计算确定，且不应少于 2 个。

(2)门的位置和开启方式

确定门的位置和开启方式应遵循如下原则：

①便于家具设备的布置和充分利用室内面积。如图 3-11 和图 3-12 所示，(b)优于(a)。

②方便交通，利于疏散。如图 3-13 所示，(a)、(b)、(c)不正确，(d)正确。

对于面积大、人员密集的房间，门的位置主要考虑通行简捷和疏散安全。如影剧院的观众厅、体育馆的比赛大厅门的位置通常较均匀地布置，使人员能尽快到达室外，如图 3-14 所示。同时，为了保证紧急情况下人员迅速、安全地疏散，疏散门不应设置门槛。

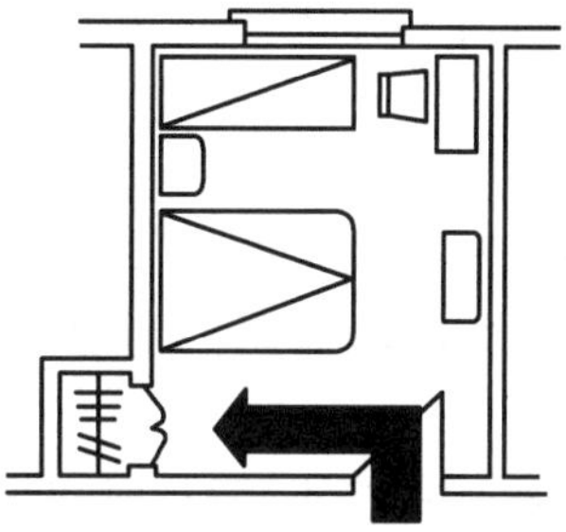

图 3-11　卧室的门对家具布置的影响

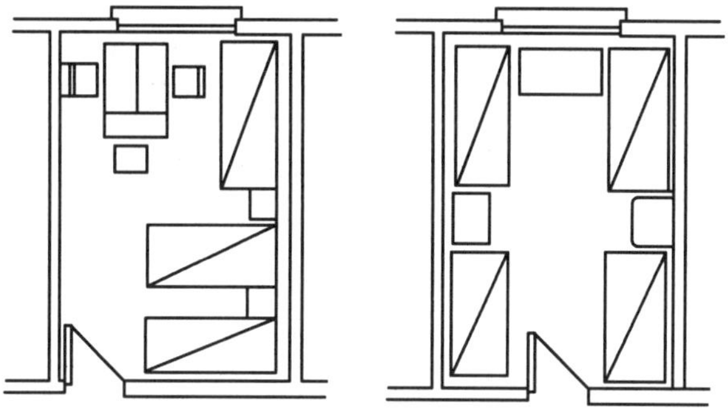

图 3-12　集体宿舍的门对家具布置的影响

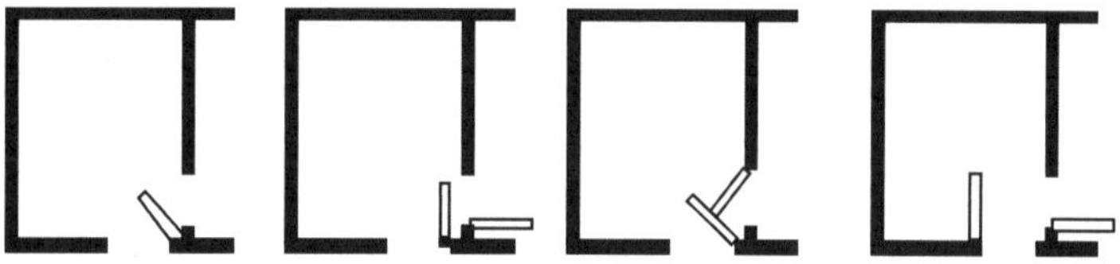

图 3-13　房间门较集中时门的开启方式

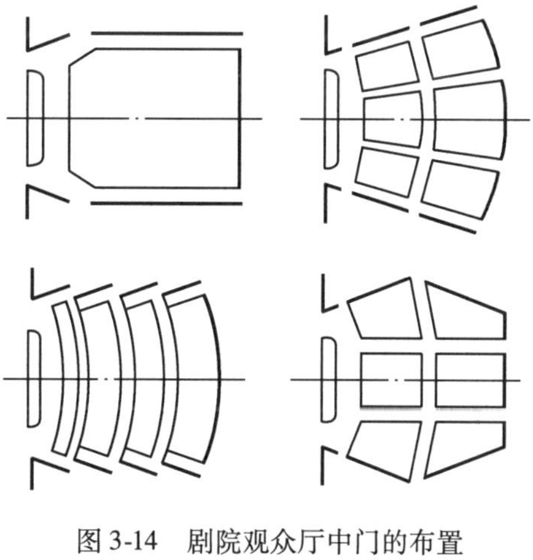

图 3-14　剧院观众厅中门的布置

门的开启方式一般分为外开和内开,外开的门便于疏散。大多数房间的门均采用内开方式,可防止门开启的时候影响房间外的人通行。在使用人数较多的公共建筑中,为了便于人流畅通及在紧急情况下人流迅速、安全地疏散，门必须外开，即朝疏散方向开启。

3.2.5 房间窗的设置

窗在建筑中的主要作用是采光通风，也是围护结构的一部分。窗的设计内容包括窗的大小、数量、形状、位置及开启方式等。这些都直接影响采光、通风、立面造型、建筑节能等。

(1)窗的面积

窗的面积大小取决于房间的用途对环境明亮程度的要求，设计时根据房间的用途由有关建筑设计规范查得采光等级及相应的窗地面积比指标，估算窗的面积。窗地面积比是指窗洞口面积之和与房间的地面面积的比值。表3-3给出民用建筑部分房间窗地面积比指标，可供设计时参考。

表3-3　民用建筑部分房间窗地面积比指标

序号	房间名称	窗地面积比
1	托幼室、音体室、办公室、绘图室、阅览室	≥1/5
2	餐厅、医务室、复印室	≥1/6
3	卧室、起居室、书房、厨房	≥1/7
4	卫生间、过厅	≥1/10
5	楼梯、走廊二	≥1/14

(2)窗的位置

①窗的位置应考虑采光、通风、室内家具布置和建筑平面效果等要求(图3-15)。

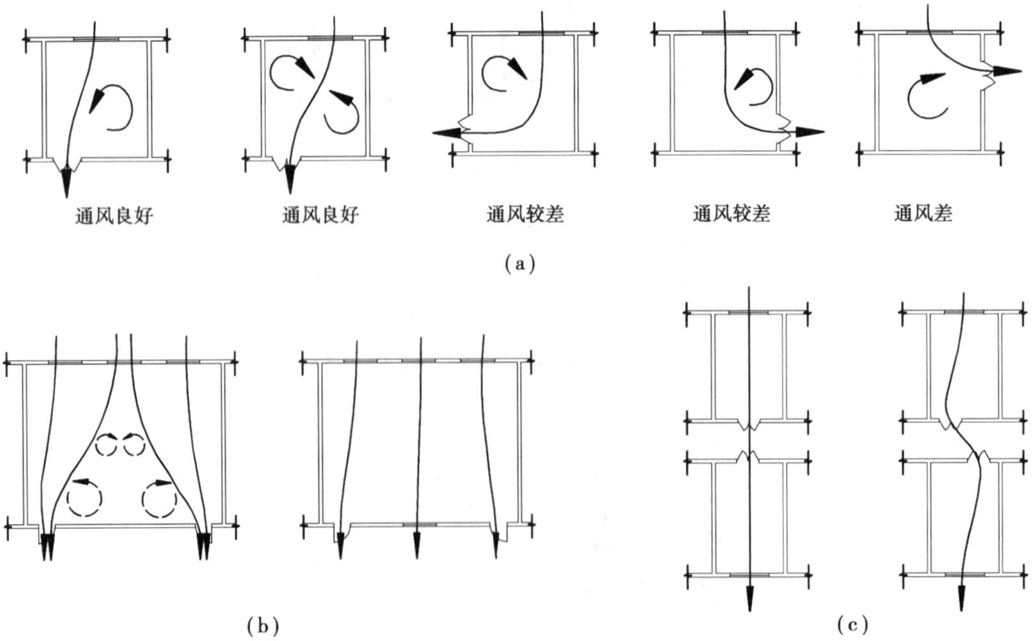

图3-15　门窗平面位置对气流组织的影响

(a)一般房间门窗相互位置；(b)教室门窗相互位置；(c)内廊式平面房间门窗相互位置

②窗口在房间中的位置决定了光线的方向及室内采光的均匀性。中小学教室在单侧采光的情况下，为保证照度均匀，窗间墙宽度不宜过大；窗口与黑板之间的距离应适当，过大的距离会形成暗角，而过小的距离又会在黑板上产生眩光。对于砌体承重结构，窗间墙的宽度还必须满足结构及抗震的要求。

③从建筑节能与节约造价角度来看，窗户面积不宜过大，因为窗户是建筑保温与隔热的薄弱环节，它不仅冬季散热多，而且窗缝隙冷风渗透也相当可观。

窗墙面积比是指窗户洞口面积与房间立面单元面积（即建筑层高与开间定位线围成的面积）之比。《严寒和寒冷地区居住建筑节能设计标准》（JGJ 26—2018）规定严寒和寒冷地区居住建筑的窗墙面积比不应大于表3-4规定的限值。

表3-4　严寒和寒冷地区居住建筑的窗墙面积比限值

朝　向	窗墙面积比	
	严寒地区	寒冷地区
北	≤0.25	≤0.30
东、西	≤0.30	≤0.35
南	≤0.45	≤0.50

注：①敞开式阳台的阳台门上部透明部分应计入窗户面积，下部不透明部分不应计入窗户面积。

②表中的窗墙面积比应按开间计算。表中的“北”代表从北偏东小于60°至北偏西小于60°的范围；“东、西”代表从东或西偏北小于等于30°至偏南小于60°的范围；“南”代表从南偏东小于等于30°至偏西小于等于30°的范围。

3.3　辅助使用房间的平面设计

民用建筑除了主要使用房间外，还有很多辅助使用房间，它们在建筑物中所占的面积较小，但却是建筑物不可缺少的一部分。辅助使用房间指的是厕所、盥洗室、浴室、厨房、配电室、洗衣房、锅炉房、储藏室、通风机房等服务用房。辅助用房的功能、大小、形式均有所不同，而其中厕所、盥洗室、厨房是最为常见的。在建筑设计中，应根据各种建筑物的使用特点和使用人数的多少，先确定所需设备的个数。根据计算所得的设备数量，考虑在整幢建筑物中厕所、盥洗室的分布情况，最后在建筑平面组合中，根据整幢房屋的使用要求适当调整并确定这些辅助房间的面积、平面形式和尺寸。

3.3.1　厕所设计

厕所卫生设备有大便器、小便器、洗手盆、污水池等。大便器有蹲式和坐式两种，小便器有小便斗和小便槽两种。图3-16所示为厕所设备及组合所需的尺寸。

卫生设备的数量及小便槽长度主要取决于使用人数、使用对象、使用特点。经过实际调查和经验总结，一般民用建筑每一个卫生器具可供使用的人数参考指标见表3-5。

厕所的平面形式可分为两种：一种是公用厕所，应设置前室，可以改善通往厕所的走道和过厅的卫生条件，并有利于厕所的隐蔽。前室内一般设有洗手盆和污水池，为保证必要的使用空间，前室进深应不小于1.5 m。图3-17所示为公共卫生间布置实例。另一种是专用厕所，这类厕所由于使用人数少，因此往往是盥洗、浴室、厕所三个部分组成的一个卫生间，如住宅、旅馆等。图 3-18 所示为住宅卫生间布置实例。

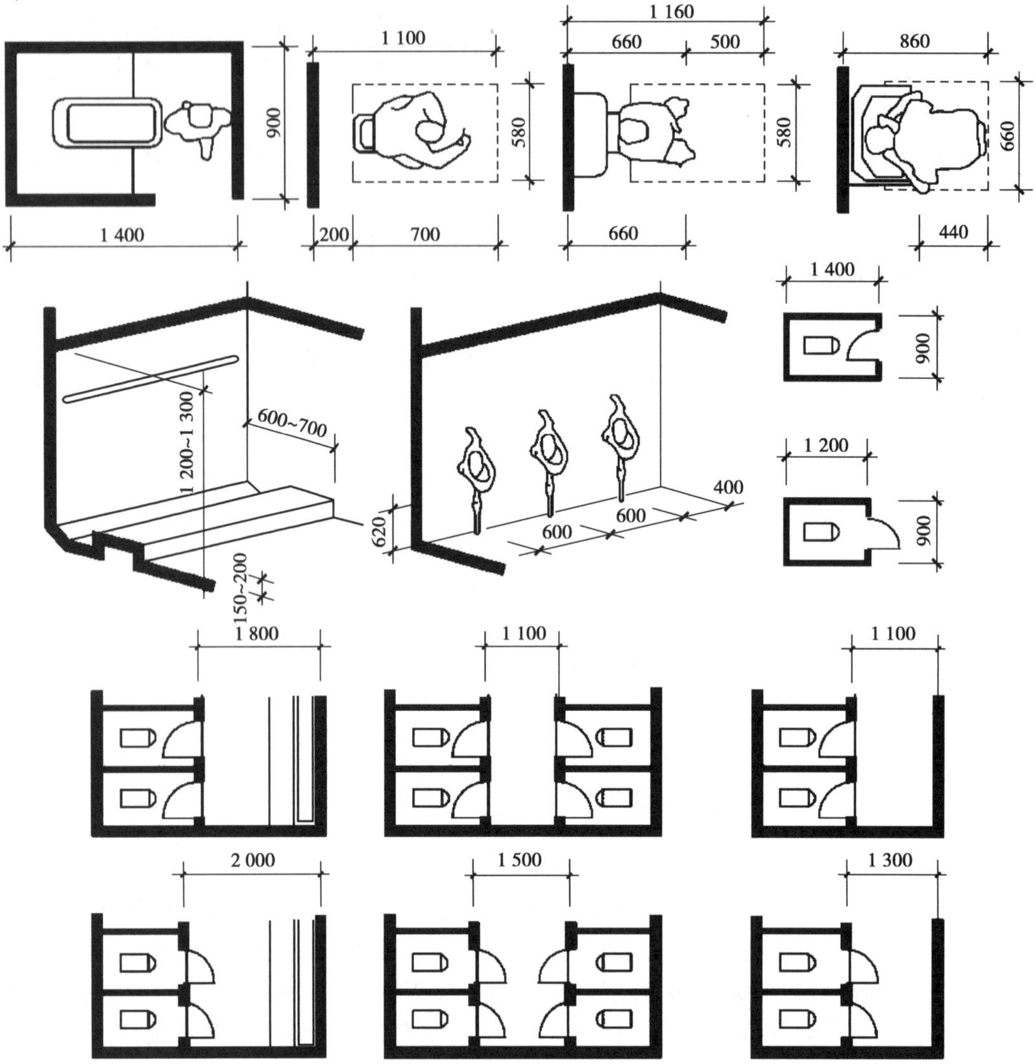

图 3-16　厕所设备及组合尺寸图

表 3-5　部分建筑厕所设备参考指标

建筑类型	男小便器/（人·个$^{-1}$）	男大便器/（人·个$^{-1}$）	女大便器/（人·个$^{-1}$）	洗手盆/（人·个$^{-1}$）	男女比例
体育馆	80	250	100	150	2∶1
电影院	50	150	50	200	1∶1
中小学	40	40	20	90	1∶1
火车站	80	80	40	150	7∶3
宿舍	20	20	15	12	按实际情况
旅馆	15	15	12	10	按设计要求

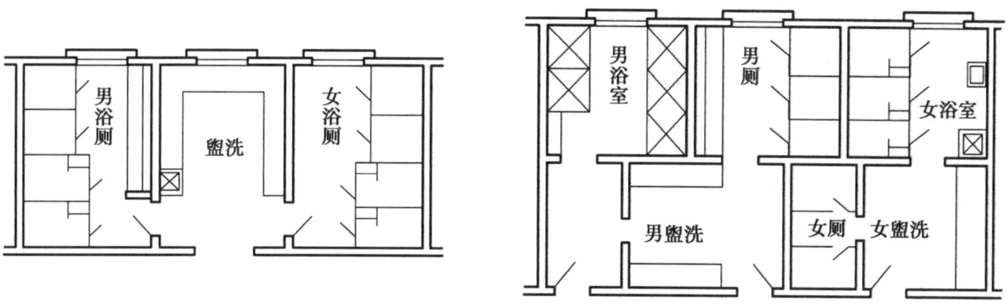

图 3-17　公共卫生间布置实例

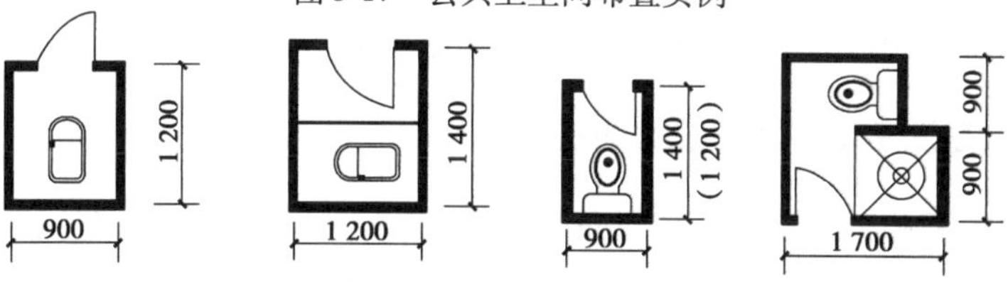

(a)

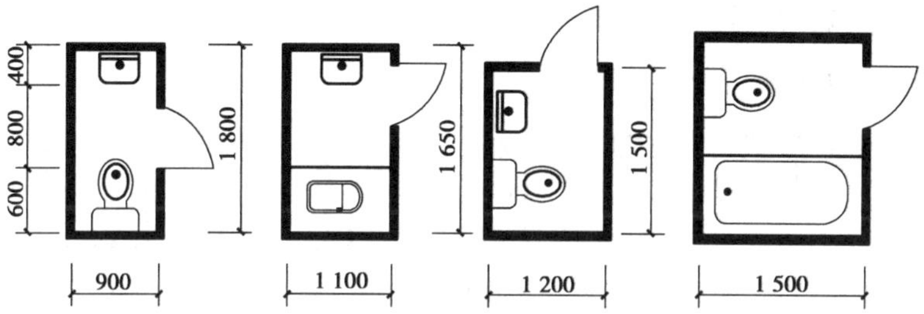

(b)

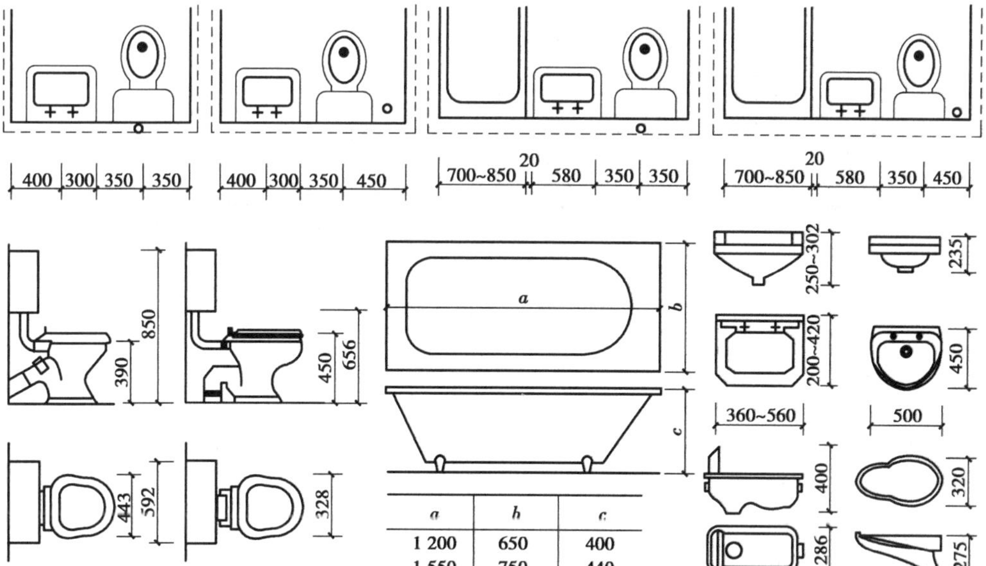

a	b	c
1 200	650	400
1 550	750	440
1 680	770	460

(c)

图 3-18　住宅卫生设备及布置方式

(a)单件平面布置;(b)两件平面布置;(c)基本卫生设备尺寸

专用卫生间使用人数较少,面积较小,主要用于住宅、旅馆等建筑,在确定卫生间位置时一般与主题空间结合考虑。确定公共卫生间位置时一般应考虑以下要求:

①卫生间在建筑中常处于人流交通线上,与走道及楼梯间联系,如走道两端、楼梯间入口处、建筑转角处等。

②大量人群使用的卫生间,应有较好的天然采光与通风。少数人使用的卫生间允许间接采光,但应安装抽风设施。为保证主体功能空间的良好朝向,卫生间可以布置在朝向较差的一侧。

③卫生间位置应有利于节省管道,减少立管并靠近室外给排水管道。同层面中男、女卫生间最好并排布置,避免管道分散。不同楼层卫生间尽可能布置在上下相对应的位置。

3.3.2 浴室、盥洗室浴室和盥洗室的主要设备

浴室、盥洗室浴室和盥洗室的主要设备有洗脸盆、污水池、淋浴器、浴盆等。除此之外,公共浴室还有更衣室。设计时应结合设备尺寸及人体活动所需的空间尺寸进行房间布置。图3-19、图3-20 所示分别为浴室设备及其组合尺寸。

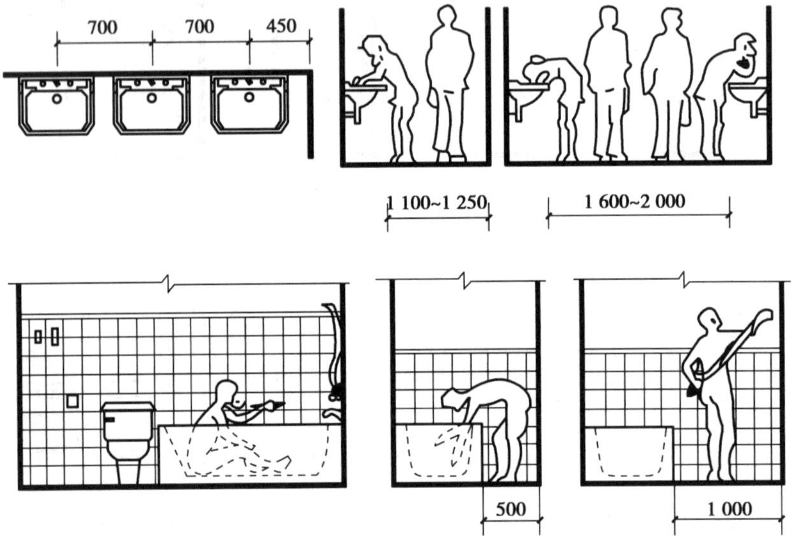

图 3-19 洗脸盆、浴盆设备及其组合尺寸

3.3.3 厨房

按照使用功能的不同,厨房可分为专用厨房和公共厨房。住宅、公寓内每户使用的厨房称为专用厨房,餐厅、食堂、饭店的厨房称为公共厨房。公共厨房较复杂,但其基本原理和设计方法与专用厨房基本相同。专用厨房的主要设备有灶台、案台、水池、排烟设备及贮藏设施等。

厨房设计应满足以下要求:厨房应有良好的采光通风条件;在建筑面积一定的情况下,尽量利用厨房的有效空间布置足够的贮藏设施,如壁柜、吊柜等;厨房的墙面、地面应考虑防水、便于清洁;室内布置应符合操作流程,保证有必要的操作空间。

厨房常见的布置形式有双排、L 形、U 形、单排布置等几种,图 3-21 所示为厨房的几种布置形式。

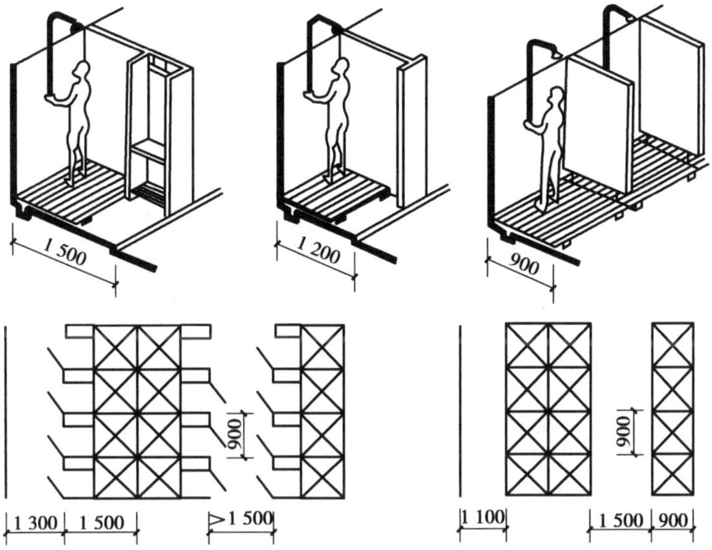

图 3-20　淋浴设备及其组合尺寸

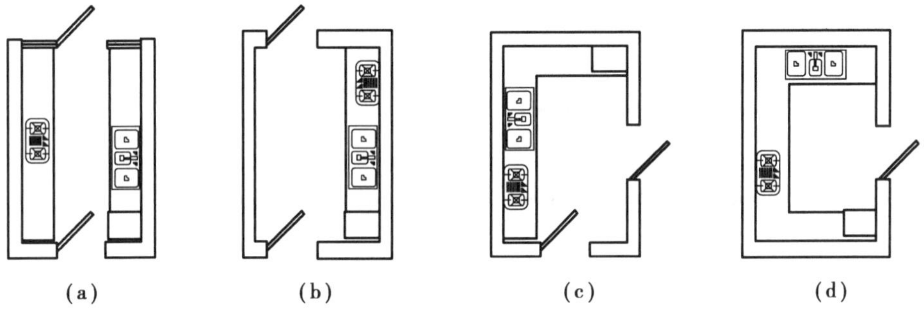

图 3-21　厨房的布置形式
(a)双排布置;(b)L 形布置;(c)U 形布置;(d)单排布置

3.4　交通联系部分的平面设计

交通联系部分包括水平交通联系部分(走道),垂直交通联系部分(楼梯、电梯、坡道),交通枢纽部分(门厅、过厅)等。

交通联系部分的设计应注意以下几点:

①交通线路简捷明确、联系通行方便。

②人流通畅,紧急情况下疏散迅速安全。

③满足一定的采光和通风要求。

④节省交通面积,提高建筑面积的利用率。

⑤考虑空间造型等问题。

3.4.1 走道

走道又称过道、走廊，主要用来联系同层内各个房间、楼梯和门厅等，以解决建筑中水平交通联系问题。

走道按使用性质的不同，可以分为以下三种情况。

①完全为交通疏散设置的走道，如办公楼、旅馆、电影院、体育馆的安全通道等，都是供人们通行疏散所用，这类走道一般不允许安排作其他用途。

②以交通疏散为主，兼有一些其他功能，如医院走廊可兼候诊，学校走廊兼课间活动及宣传画廊，这种走道的宽度和面积应相应增加。

③多种功能综合使用的走道，如艺术中心的某些走廊空间，不仅布置了艺术展品以供欣赏，而且设置了座椅供参观者休息。这种走道与单一功能的走道相比，其宽度和面积会增加许多。走道平面设计内容包括走道宽度确定、走道长度的限定、采光要求等。

(1)走道的宽度

走道的宽度主要根据人流通行、安全疏散、空间感受来综合确定。通常单股人流的通行宽度为550～600 mm，供人通行的走廊宽度应根据人流股数并结合门的开启方向综合确定，如图3-22所示。

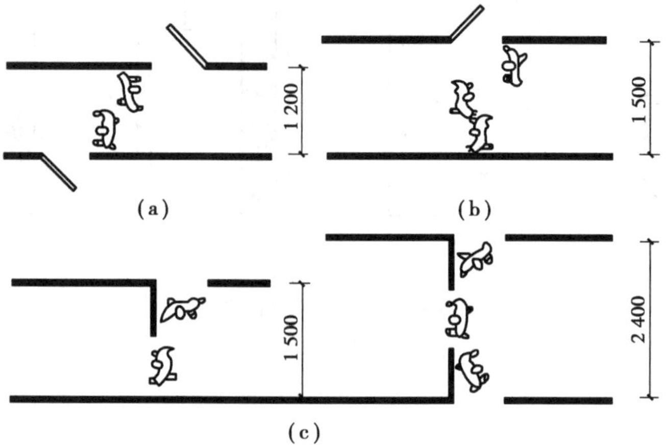

图3-22 走道宽度的确定

为了满足人流的通行和紧急情况下的疏散要求，《建筑设计防火规范》(GB 50016—2014)规定建筑物内疏散走道和疏散楼梯的净宽度不应小于1.10 m。高层公共建筑内楼梯间的首层疏散门、首层疏散外门、疏散走道和疏散楼梯的最小净宽度应符合表3-6规定。

表3-6 高层公共建筑首层疏散门、疏散走道和疏散楼梯的最小净宽度(m)

建筑类型	楼梯间的首层疏散门、首层疏散外门	走道		疏散楼梯
		单面布房	双面布房	
高层医疗建筑	1.30	1.40	1.50	1.30
其他高层公共建筑	1.20	1.30	1.40	1.20

除剧院、电影院、礼堂、体育馆外的其他公共建筑，每层的房间疏散门、安全出口、疏散走道和疏散楼梯的各自总净宽度，应根据疏散人数按每100人的最小疏散净宽度（表3-7）计算确定。

表3-7 每层的房间疏散门、安全出口、疏散走道和疏散楼梯每百人最小疏散净宽（m）

建筑层数		建筑的耐火等级		
		一、二级	三级	四级
地上楼层	1～2层	0.65	0.75	1.00
	3层	0.75	1.00	—
	≥4层	1.00	1.25	—
地下楼层	与地面出入口地面的高差$\Delta H \leqslant 10$ m	0.75	—	—
	与地面出入口地面的高差$\Delta H > 10$ m	1.00	—	—

一般民用建筑常用走道宽度如下：当走道两侧布置房间时，学校建筑为2.1～3.0 m，医院建筑为2.4～3.0 m，旅馆建筑为1.5～2.1 m，办公建筑为2.1～2.4 m；当走道一侧布置房间时，走道的宽度应相应减小。

（2）走道长度

走道的长度应根据建筑性质、耐火等级来确定。按《建筑设计防火规范》（GB 50016—2014）的安全疏散要求，直通疏散走道的房间疏散门至最近的安全出口的直线距离必须控制在一定的范围内，见表3-8和图3-23。

表3-8 直通疏散走道的房间疏散门至最近的安全出口的直线距离（m）

名称			位于两个安全出口之间的疏散门			位于袋形走道两侧或尽端的疏散门		
			一、二级	三级	四级	一、二级	三级	四级
托儿所、幼儿园、老年人照料设施			25	20	15	20	15	10
歌舞娱乐放映游艺场所			25	20	15	9	—	—
医疗建筑	单、多层		35	30	25	20	15	10
	高层	病房部分	24	—	—	12	—	—
		其他部分	30	—	—	15	—	—
教学建筑	单、多层		35	30	25	22	20	10
	高层		30	—	—	15	—	—
高层旅馆、展览建筑			30	—	—	15	—	—

续表

名　称		位于两个安全出口之间的疏散门			位于袋形走道两侧或尽端的疏散门		
		一、二级	三级	四级	一、二级	三级	四级
其他建筑	单、多层	40	35	25	22	20	15
	高层	40	—	—	20	—	—

注:①建筑内开向敞开式外廊的房间疏散门至最近安全出口的直线距离可按本表规定增加 5 m,如图 3-23(b)所示。

②直通疏散走道的房间疏散门至最近敞开楼梯间的直线距离,当房间位于两个楼梯间之间时,应按本表的规定减少 5 m。当房间位于袋形走道两侧或尽端时,应按本表的规定减少 2 m。

③建筑物内全部设置自动喷水灭火系统时,其安全疏散距离可按本表规定增加 25%。

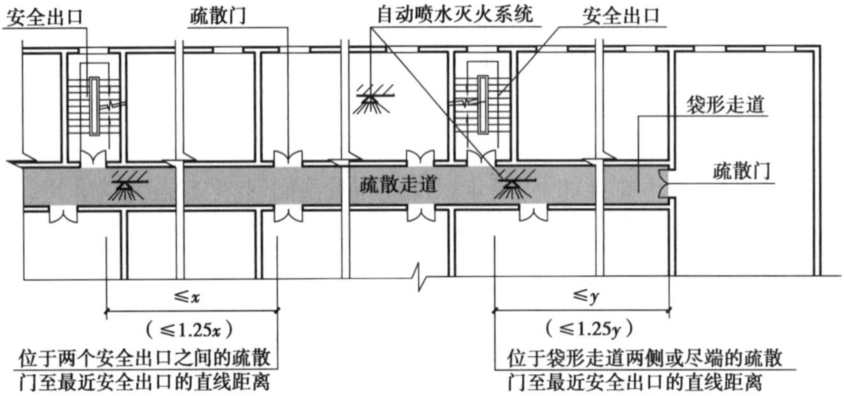

(a)

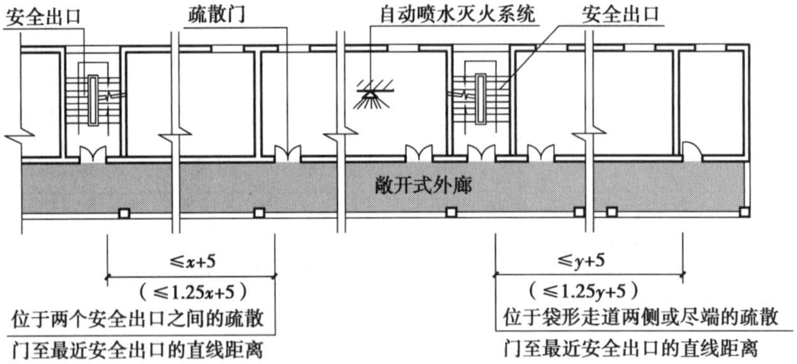

(b)

图 3-23　走道长度的控制

一、二级耐火等级建筑内疏散门或安全出口不少于 2 个的观众厅、展览厅、多功能厅、餐厅、营业厅等,其室内任一点到最近疏散门或安全出口的直线距离不应大于 30 m。

考虑到采光、通风、防火、疏散和观感等要求,应力求减少走廊的长度,使平面布置紧凑合理。当走廊过长时,在走廊端部设大房间或辅助楼梯,也可在中部适当部位设开敞空间或玻璃隔断,还可以采用内外走廊相结合的方式及利用楼梯间、门厅或走廊两侧房间设高窗等方式来解决走廊的采光和通风问题。

3.4.2　楼梯

楼梯是建筑物中常用的垂直交通联系设施和防火疏散的重要通道。楼梯的设计内容包括:根据使用要求选择合适的形式和恰当的位置,根据人流通行情况及防火疏散要求综合确定楼梯的宽度及数量。

(1)楼梯的形式

楼梯的形式分直跑楼梯、两跑楼梯、曲尺形楼梯、三跑楼梯、两跑三段式楼梯、剪刀式楼梯、交叉式楼梯、螺旋形楼梯、弧形楼梯等(图3-24)。楼梯形式的选择主要以建筑性质、使用要求和空间造型为依据。

(a)　(b)　(c)　(d)

图3-24　楼梯平面形式

(a)弧形楼梯;(b)双分弧形楼梯;(c)平行双跑楼梯;(d)双分平行楼梯

根据楼梯与走廊的联系情况,楼梯间可分为开敞式、封闭式和防烟楼梯间,即如图3-25所示的3种情况。

①开敞式楼梯间,楼梯间直接与走道连通,没有任何分隔。这种楼梯的防烟性能较差,建筑高度不大于21 m的住宅建筑可采用开敞式楼梯间。

②封闭式楼梯间,是楼梯与楼层平台的连接处,用防火门将楼梯与走道或其他空间隔开,能防止烟雾和热气进入楼梯间内,从而起到一定的防火作用的楼梯间。可用于:裙房和建筑高度不大于32 m的二类高层公共建筑;医疗建筑、老年人照料设施、商店、图书馆、展览建筑、会议中心等及类似使用功能的多层公共建筑;建筑高度大于21 m、不大于33 m的住宅建筑。

③防烟楼梯间,是在楼梯间入口处设有防烟前室、阳台或凹廊等,将烟雾和热气阻挡在楼梯间外,使得楼梯间内无烟雾存留,缓解人们的恐慌心理,使人们可以迅速安全疏散的楼梯间。

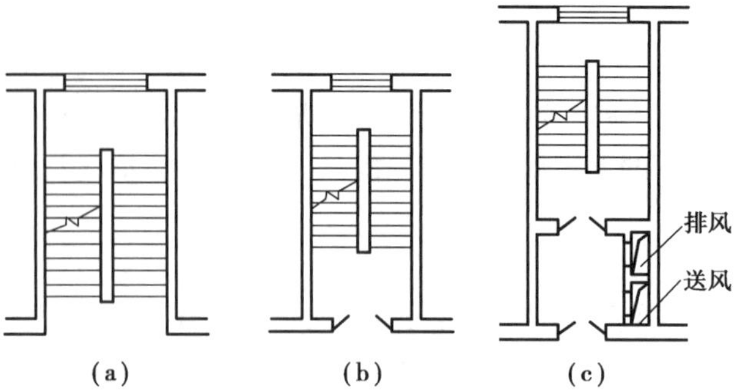

图 3-25　楼梯类型示意图

(a)开敞式楼梯间;(b)封闭式楼梯间;(c)防烟楼梯间

通往防烟前室和楼梯间的门均为防火门,防烟前室里一般设有通风井道,采用自然排烟或机械加压排烟;若防烟楼梯间的阳台或凹廊正对着室外,烟雾可直接排向室外,一般不会进入楼梯间,起到了防烟的作用。可用于一类高层公共建筑和建筑高度大于 32 m 的二类高层公共建筑;建筑高度大于 33 m 的住宅建筑。

(2)楼梯的数量

楼梯的数量应根据使用人数及建筑防火要求来确定,公共建筑内每个防火分区或一个防火分区的每个楼层,其安全出口或疏散楼梯应经计算确定,且不应少于 2 个。当符合下列条件之一的公共建筑,可设置 1 部疏散楼梯或 1 个安全出口:

①除托儿所、幼儿园外,建筑面积不大于 200 m^2 且人数不超过 50 人的单层公共建筑或多层公共建筑的首层。

②除医疗建筑,老年人照料设施,托儿所、幼儿园的儿童用房以及儿童游乐厅等儿童活动场所和歌舞娱乐放映游艺场等外,符合表 3-9 规定的公共建筑。

表 3-9　可设置 1 部疏散楼梯的公共建筑

耐火等级	最多层数	每层最大建筑面积/m^2	人　数
一、二级	3 层	200	第二、三层人数之和不超过 50 人
三级	3 层	200	第二、三层人数之和不超过 25 人
四级	2 层	200	第二层人数不超过 15 人

住宅建筑应根据建筑的耐火等级、建筑高度、建筑面积和疏散距离等因素设置安全出口(或疏散楼梯)。安全出口应分散布置,并应符合双向疏散的要求。住宅建筑每个单元每层的安全出口不应少于 2 个,且两个安全出口之间的距离不应小于 5 m。当符合下列条件时,多单元住宅建筑的每个单元每层可设置 1 个安全出口(图 3-26):

①当建筑高度≤27 m 时,每个单元任一层的建筑面积小于 650 m^2,且任一套房的户门至安全出口的距离小于 15 m 时,可设置 1 个安全出口。

②当 27 m < 建筑高度≤54 m 时,每个单元任一层的建筑面积小于 650 m^2,且任一套房的户门至安全出口的距离小于 10 m,每个单元设置一个通向屋顶的疏散楼梯,单元之间的疏散楼梯通过屋顶连通,户门采用乙级防火门。

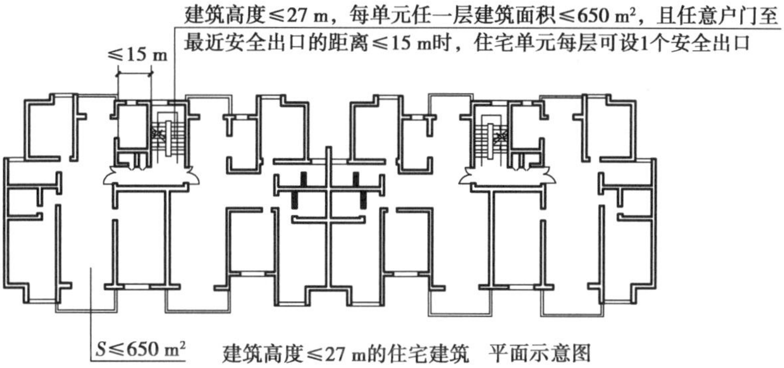

(a)

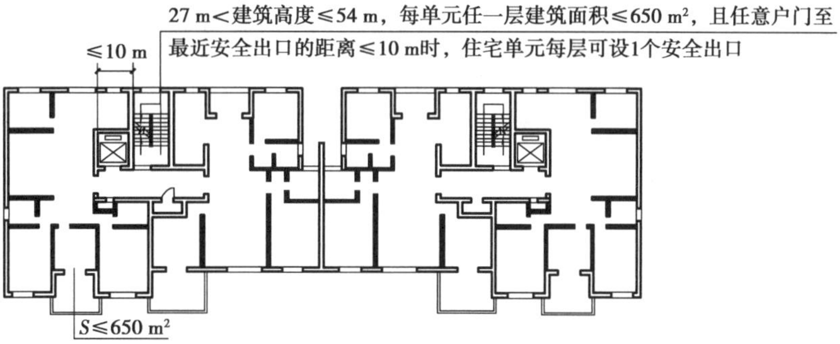

(b)

图 3-26 多单元住宅建筑设置 1 个安全出口示意

(3)楼梯的宽度

楼梯的宽度主要是指楼梯梯段的宽度,主要根据使用性质、使用人数和防火疏散要求来确定。按每股人流为 550 mm + (0 ~ 150) mm 确定宽度,并不得少于两股人流。0 ~ 150 mm 为人流在行进中人体的摆幅,公共建筑人流众多的场所应取上限值。一般供单人通行的楼梯宽度应不小于 900 mm,双人通行为 1 100 ~ 200 mm,三人通行为 1 500 ~ 1 650 mm,如图 3-27 所示。

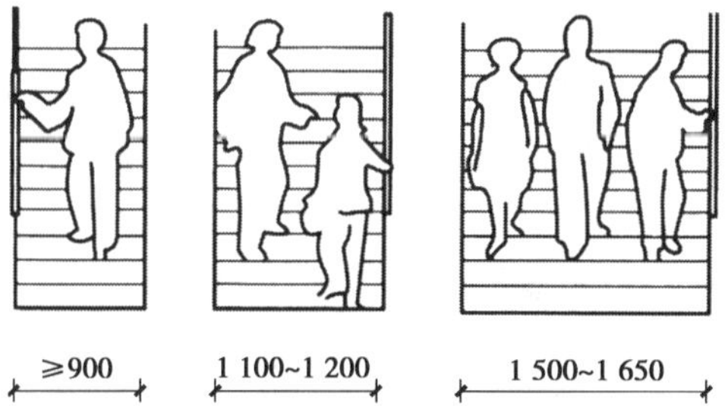

图 3-27 楼梯梯段宽度的确定

一般民用建筑楼梯的最小净宽应满足两股人流疏散要求,所以疏散楼梯最小梯段净宽度不得小于 1 100 mm;对于室外疏散楼梯的净宽度不小于 900 mm。

3.4.3 电梯、自动扶梯、坡道

建筑物垂直交通联系部分除楼梯外,还有电梯、自动扶梯和坡道等。电梯通常使用在多层

或高层建筑中,如旅馆、办公楼、高层住宅楼等,一些有特殊使用要求的建筑,如医院、商场等也常采用。自动扶梯具有连续不断地承载大量人流的特点,因而适用于具有频繁而连续人流的大型公共建筑中,如商业中心、展览馆、火车站、地铁站、航空港等建筑物中。考虑到无障碍设计,目前在处理建筑中坡道局部高差时使用也越来越多。

(1)电梯

高层建筑的发展,使电梯成为不可缺少的垂直交通设施。高层建筑的垂直交通以电梯为主,其他有特殊功能要求的多层建筑如高标准的酒店、宾馆和办公楼等,除设置楼梯外,还需设置电梯以解决垂直交通的需要。

一般来说,5 层及 5 层以上办公建筑、集体宿舍达到 7 层及以上,或顶层居室入户楼面距室外设计地面的高度超过 21 m、住宅层数达到 7 层及以上,或顶层住户入户楼面距室外设计地面的高度超过 16 m 时,就必须设置电梯。另外对于 12 层及以上的高层住宅,每幢楼设置电梯不应少于 2 台,其中一台宜配置可容纳担架的电梯。

电梯按其使用性质可分为客梯、货梯、客货两用电梯及杂物电梯等类型。确定电梯间的位置及布置方式时,应考虑以下要求:

①应布置在人流集中的地方,如门厅、出入口等。

②电梯前应设足够面积的候梯厅,以免造成拥挤和堵塞。

③在设置电梯的同时,还应配置楼梯,以保证电梯不能正常运行时使用。

④需将楼梯和电梯临近布置,以便灵活使用,并有利于安全疏散。

⑤电梯井道无天然采光要求;电梯等候厅由于人流集中,最好有天然采光及自然通风。

电梯台数的确定,需要综合考虑建筑物的用途、内部人员流量以及电梯载重量与速度等因素。一般来说,住宅楼 60 ~ 90 户/台,旅馆建筑 100 ~ 120 个客房/台,医院建筑 150 床/台,办公建筑 5 000 m^2(建筑面积)/台。

(2)自动扶梯

自动扶梯是一种在一定方向上能大量、连续输送流动客流的装置。自动扶梯适用于有大量人流上下的公共场所,如车站、超市、商场、地铁站等。自动扶梯可正、逆两个方向运行,可作提升及下降使用,机器停转时可作普通楼梯使用。一般设置在主要出入口处,便于引导人流。

自动扶梯的坡道比较平缓,一般采用 30°、35°,运行速度为 0.45 ~ 0.75 m/s,宽度按输送能力有单人和双人两种。单人一般 600 mm 宽,双人一般 1 000 mm 宽。自动扶梯分为阶梯形自动扶梯和坡道式自动扶梯(或自动人行道)两种(图 3-28)。

(a)

(b)

图 3-28　自动扶梯实例

(a)阶梯形自动扶梯;(b)坡道式自动扶梯

(3)坡道

坡道由于坡度较为平缓,一般不大于1∶8,其特点是行走舒适,但占地面积较大。室内一般用于超市、医院、疗养院、老年人建筑、托幼建筑。用于残疾人时,坡道坡度不应大于1∶12。

3.4.4　门厅、过厅、出入口

(1)门厅

门厅作为交通枢纽,其主要作用是接纳人流、分配人流、室内外空间过渡等。同时,根据建筑物使用性质不同,门厅还兼有其他功能,如医院门厅常设挂号、收费、取药的房间;旅馆建筑门厅兼有接待、登记、休息、会客、小卖部等功能。除此以外,门厅作为建筑物的主要出入口,其不同空间处理可体现出不同的意境和形象,如庄严、雄伟、小巧、亲切等不同气氛。因此门厅是民用建筑设计中需要重点处理的部分。

门厅设计的要求如下:

①位置明显突出。一般建筑主要出入口应面向主干道,便于人流出入。

②有明确的导向性,同时交通流线简洁明确,减少干扰、拥挤堵塞和人流交叉。因此门厅与走廊、主要楼梯应有直接便捷的联系。

③入口处应设宽敞的雨棚或门廊等,供出入人流停留。对于大型公共建筑,门廊还应便于汽车通达。

④应设宽敞的大门以便出入。

⑤应对顶棚、地面、墙面进行重点装饰处理,同时处理好采光和人工照明问题。门厅的面积大小应根据建筑的使用性质、规模及质量等因素来确定,设计时也可参考有关面积定额指标(表3-10)。

表3-10　部分建筑门厅面积设计参考指标

建筑类型	面积定额	备注
铁路旅客车站	≥0.2 m^2/人	由最高聚集人数确定
食堂	0.08～0.18 m^2/座	包括洗手间、小卖部
城市综合医院	11 m^2/每日百人次	包括衣帽间和问询室
图书馆	0.05 m^2/座	
电影院	0.10～0.50 m^2/座	

门厅的布置方式依其在建筑平面中的位置可分为对称式与非对称式两种。对称式布置常将楼梯布置在建筑平面的主轴线上或对称布置于主轴线两侧,易于形成严肃庄重的效果(图3-29)。非对称式则布置灵活,富于变化(图3-30)。

(2)过厅

过厅是建筑物各楼层的交通枢纽,通常设置在走道之间或走道和楼梯的连接处,它起到交通人流缓冲及交通流向转折与过渡的作用。有时为了改善走道的采光、通风条件,也可以在走道的中部设置过厅。图3-31为某办公楼和某宾馆标准层过厅示例。

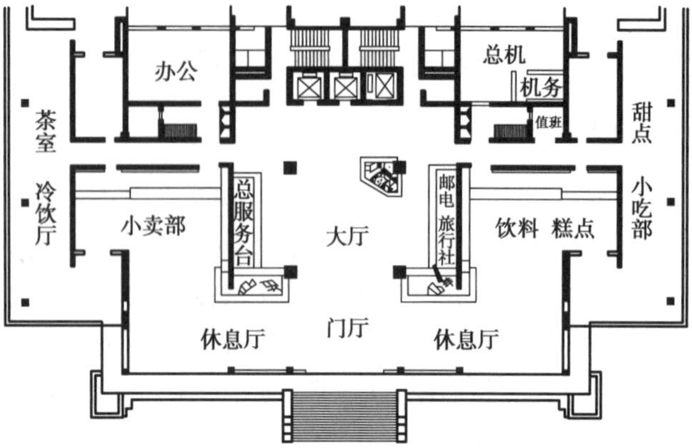

图 3-29　对称式门厅示例

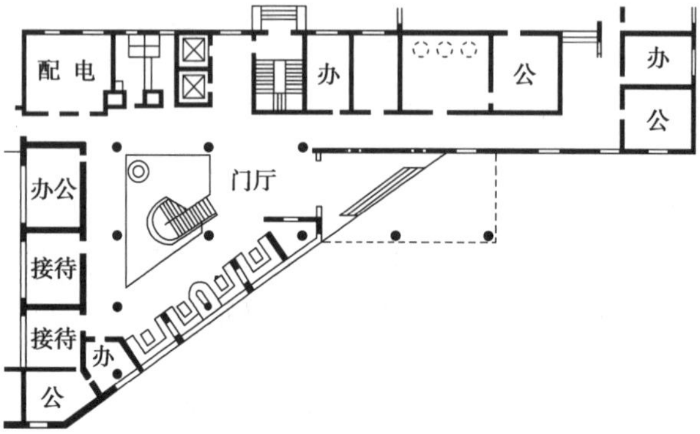

图 3-30　非对称式门厅示例

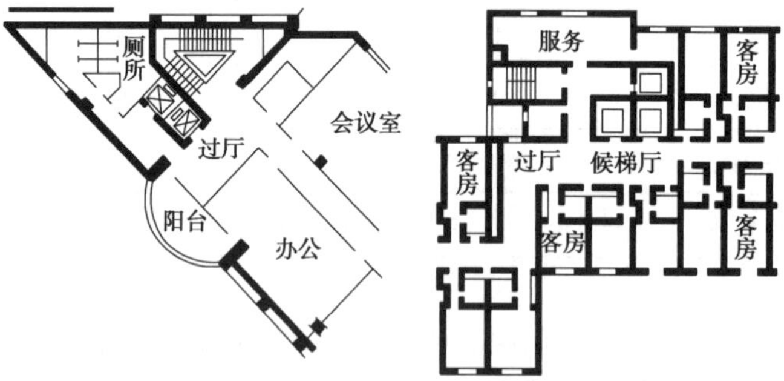

(a)　　　　(b)

图 3-31　过厅示例

(a)某办公楼标准层;(b)某宾馆标准层

(3) 出入口

出入口是建筑物室内外的过渡空间，同时又是建筑物重点处理的地方，以满足建筑美观要求。出入口的位置应设在建筑物较为明显的部位，应面向主干道，便于出入。出入口内与门厅相连，外部应设置平台、台阶、坡道、雨篷等，以防止风沙、雨雪的侵袭。

3.5　建筑平面的组合设计

每一幢建筑物都是由若干独立空间和交通联系空间组合而成的。建筑平面的组合，实际上是建筑空间在水平方向的组合，即确定水平方向的建筑物内外空间和建筑形体。虽然是在平面上做设计，但结果必然会影响到室内外空间和建筑体量关系，所以应着眼于立体空间组合来考虑平面组合设计。建筑平面组合设计的主要任务就是将单个房间与交通联系部分组合起来，使之成为一个使用方便、结构合理、体型简洁、构图完整、造价经济以及与环境协调的建筑物。

3.5.1　影响平面组合的因素

(1) 使用功能

不同的建筑物有不同的功能要求。设计的合理性不限于单体空间，更多的是考虑多个独立空间的组合，只有按照功能联系把所有的房间有机地组合在一起，形成一幢完整的建筑物时，才能够说整个建筑的功能是合理的。如医院设计中，应满足各诊疗室、医生办公室等主要使用房间的使用要求，同时它们之间的相互关系及走道、门厅、楼梯的布置要合理，否则会造成人流交叉，使用不便。因此，可以说使用功能是平面组合的核心因素。

平面组合的优势主要体现在合理的功能分区及明确的流线组织两个方面。此外，采光、通风、朝向等要求也应予以足够的重视。

合理的功能分区是将建筑物若干部分按不同的功能要求进行分类，并根据它们之间的密切程度加以划分，使之分区明确，联系方便。在分析功能关系时，常借助于功能分析图来形象地表示各类建筑的功能关系及联系顺序。功能分析图是用来表示建筑物的各个使用部分以及相互之间联系的简单分析图。按照功能分析图，将性质相同、联系紧密的房间邻近布置或组合在一起，并适当分隔使用中有干扰的部分。建筑平面组合就是在功能分区的基础上，深入分析各个房间或各个部分之间的联系以及分隔要求，使平面组合更加合理。按照建筑物的不同功能特征，可从主次关系、内外关系、联系与分隔等几方面进行分析。

①主次关系。建筑物中的房间有主要使用房间和辅助使用房间，因此各个房间之间必然存在着主次之分。在平面组合设计时，应遵照建筑物的使用类型和性质，分清主次，进行合理的平面组合。通常将主要使用房间放在朝向好的位置，靠近出入口，并有良好的采光、通风条件，辅助使用房间可布置在条件较差的位置，图 3-32、图 3-33 所示分别为居住建筑、商业建筑房间的主次关系。

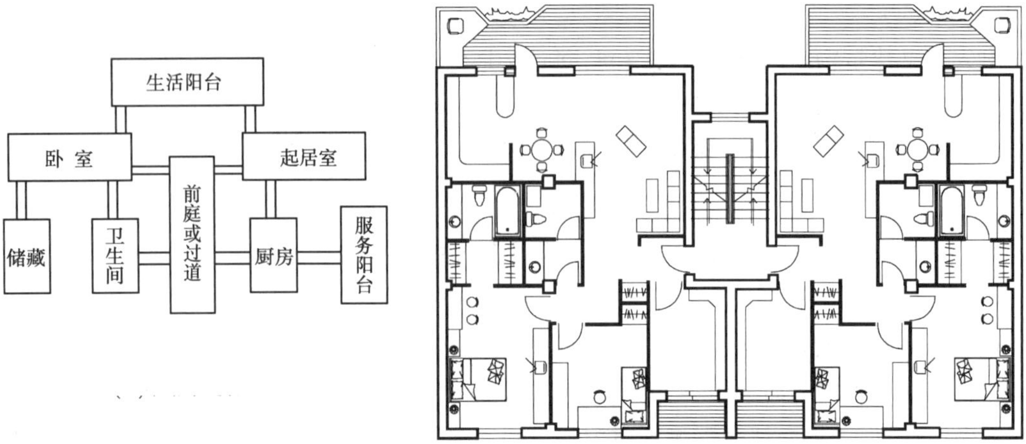

(a)　　　　(b)

图 3-32　居住建筑房间的主次关系

(a)功能分析图;(b)平面图

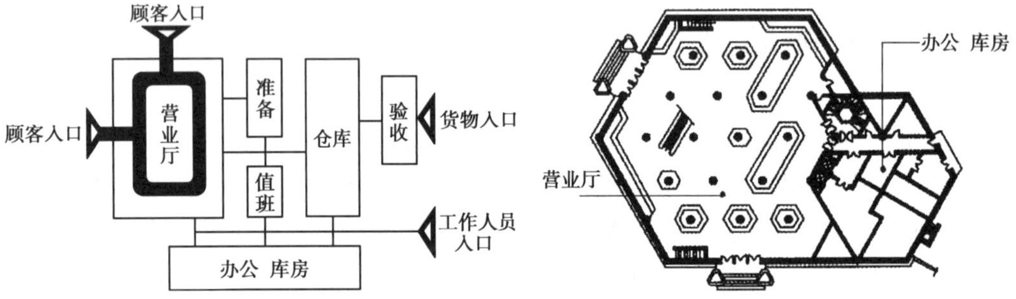

(a)　　　　(b)

图 3-33　商业建筑房间的主次关系

(a)功能分析图;(b)平面图

②内外关系。在各种使用空间中,有的部分对外联系密切,直接为公众使用,有的部分对内性强,主要是内部工作人员使用。按照人流活动的特点,将对外性较强的部分尽量布置在交通枢纽附近,将对内性较强的部分布置在较隐蔽的部位,并使之靠近内部交通区域。如商业建筑营业厅是对外的,人流量大,应布置在交通方便、位置明显处,而将库房、办公等管理用房布置在后部次要入口处。餐饮建筑中的餐厅对外服务,人流量大,应布置在交通方便、位置明显的地方,而厨房、备餐、库房、办公等用房主要是对内的,可将其布置在后部靠近次要出入口处且比较隐蔽的场所,如图 3-34 所示。

③联系与分隔。建筑物的功能分区,首先是把使用性质相同或联系紧密的房间组合在一起,以便平面组合时,能从几个功能分区之间的大关系来考虑,同时还需要具体分析各个房间或各区之间的联系及分隔要求,以确定平面组合中各个房间的合适位置。在平面组合过程中,应处理好"闹"与"静","清"与"污"等关系。如学校建筑,可以分为教学活动、行政办公以及生活后勤等几个部分。教学活动和行政办公部分既要分区明确,避免干扰,又要考虑联系方便。对于使用性质同样属于教学活动部分的普通教室和音乐教室,由于音乐教室上课时对普通教室有一定的声音干扰,它们虽同属一个功能区,但是在平面组合中却又要求有一定的分隔,如图 3-35 所示。

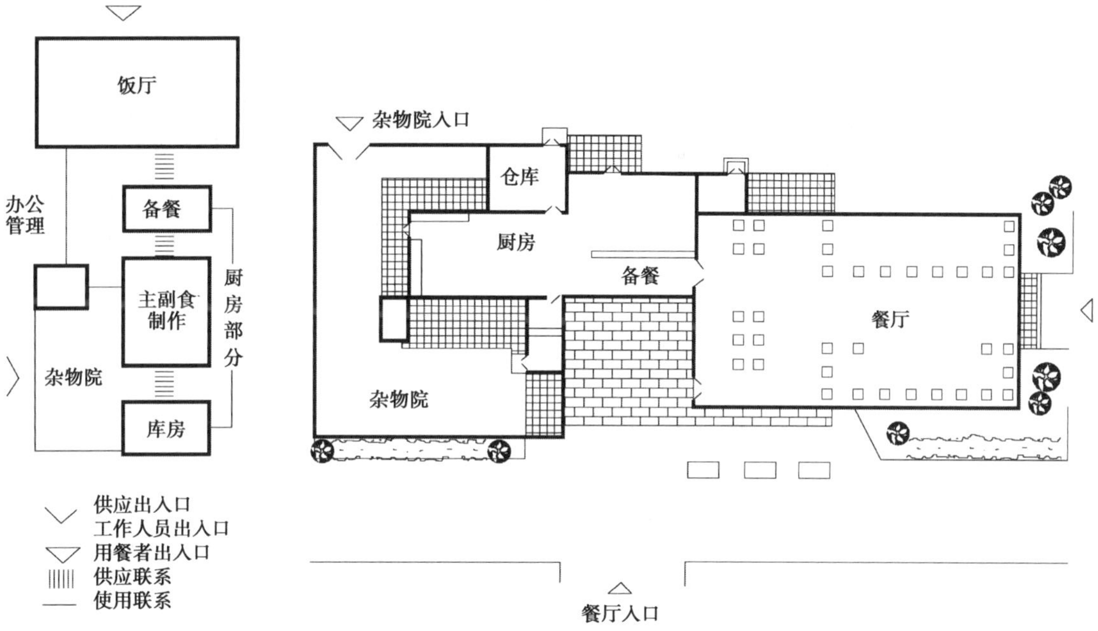

(a)　　　　(b)

图 3-34　食堂房间的内外关系

(a)功能分析图;(b)平面图

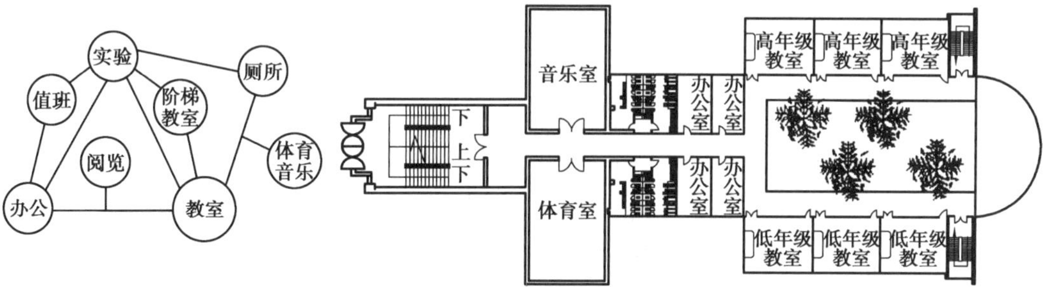

(a)　　　　(b)

图 3-35　教学楼房间的联系与分隔

(a)功能分析图;(b)平面图

各类民用建筑,因使用性质不同,往往存在着多种流线,总体上分为人流和货流两类,即人或物在房间之间、房间内外之间的流动路线。建筑物的流线组织,即使各种流线简捷、通畅,不迂回逆行,尽量避免相互交叉的交通组织。在设计中,交通流线的组织主要是通过房间位置的安排以及组织一定方式的交通路线来实现的,直接关系到平面设计和建筑使用是否合理。民用建筑在使用过程中通常有一定的先后顺序,如门诊部分使用先后顺序为挂号—候诊—诊疗—划价收费—取药;火车站旅客路线按先后顺序为到站—问询—售票—候车—检票—上车,出站时经由站台验票出站,如图 3-36 所示。

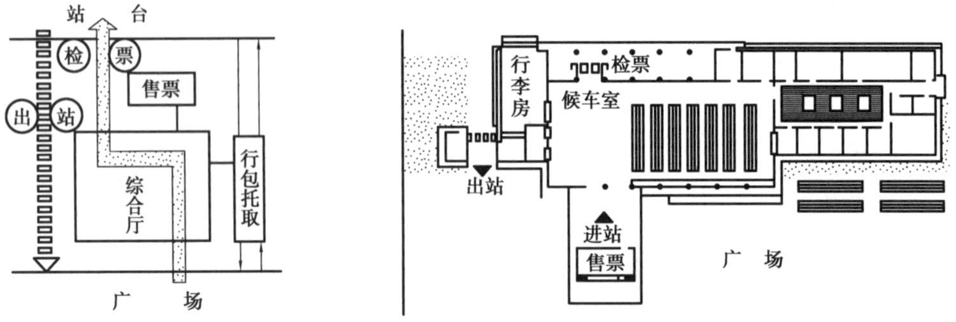

图 3-36　小型火车站流线关系及平面图
(a)流线关系;(b)平面图

(2)结构类型

建筑结构和材料是构成建筑物的物质基础,直接影响着建筑的平面组合。因此,在建筑平面组合设计时,要采取相应的结构形式来满足不同建筑的组合方式,以达到经济、合理的效果。目前,民用建筑常用的结构类型有混合结构、框架结构和空间结构三种。

①混合结构。建筑物的主要承重构件是墙、梁板、基础等。根据受力方式可分为横墙承重、纵墙承重、纵横墙混合承重三种方式,如图 3-37 所示。

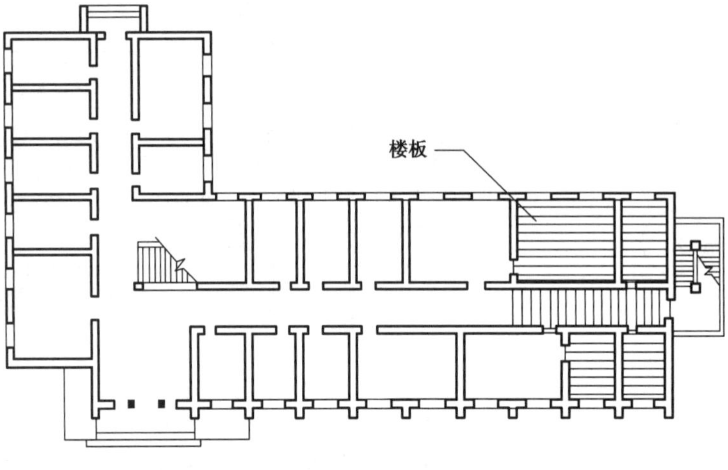

图 3-37　墙体承重的医院门诊部平面图

横墙是指建筑物短轴方向的墙,横墙承重就是将楼板压在横墙上,纵墙仅承受自身的荷载。这种结构布置由于横墙较多,所以建筑横向刚度好,立面处理比较灵活,缺点是由于横墙间距受梁板跨度限制,房间的开间不大。这种布置方式适用于有大量相同开间,房间面积较小的建筑,如宿舍、旅馆和住宅等建筑。

纵墙指的是建筑物长轴方向的墙,纵墙承重就是将楼板压在纵墙上的一种布置方式。纵墙承重的主要特点是平面布局比较灵活,缺点是建筑整体刚度和抗震性能差,立面开窗受限制,适用于开间较大的教学楼、办公楼等建筑。

混合承重指的是在一幢建筑中同时采用了横墙承重和纵墙承重两种方式。这种布置方式的平面布局比较灵活,建筑刚度相对较好,缺点是由于楼板铺设的方向不同,因此施工比较麻烦。这种承重方式在民用建筑中应用较广。

②框架结构。框架结构的特点是钢筋混凝土梁、柱承重，墙体只起分隔、围护的作用。这种结构形式强度、刚度高，整体性好，抗震性能好，平面布局比较灵活，门窗的大小和形式不受结构的限制，但造价比墙承重结构高。它适用于开间和进深较大的商店、实验楼、图书馆、多层或高层旅馆等建筑物，如图3-38所示。

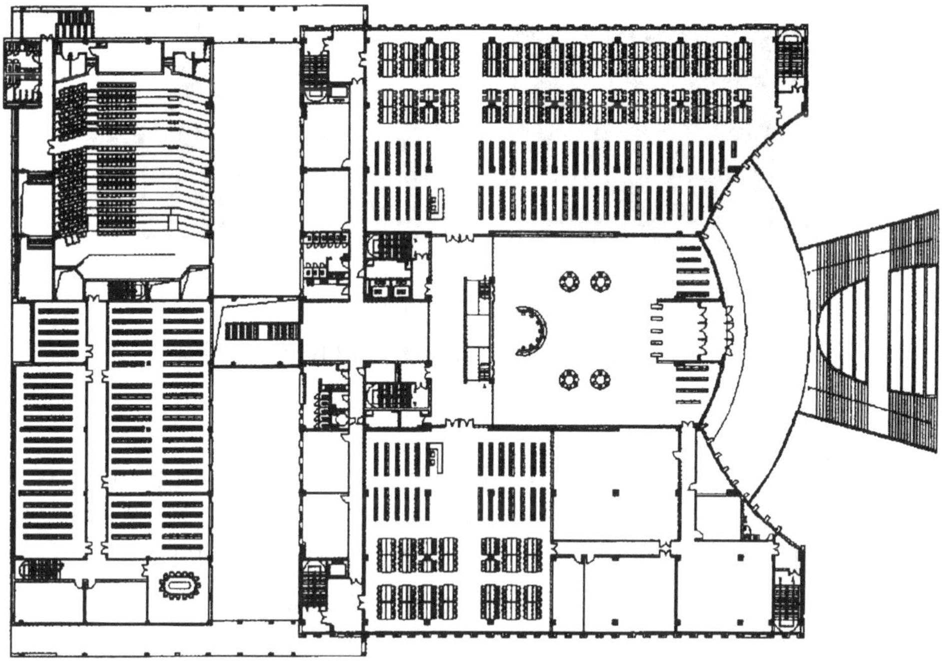

图3-38 采用框架结构的某图书馆平面图

③空间结构。随着建筑技术、建筑材料、建筑施工方法以及结构理论的不断发展与进步，出现了新的结构形式——空间结构。空间结构的结构构件三向受力，中间无柱，能充分发挥材料特性，有效地解决了大跨度建筑空间的覆盖问题，同时也创造出了丰富多彩的建筑形象，如壳体结构、悬索结构、充气薄膜结构、网架结构等，如图3-39所示。

(3)设备管线

民用建筑中的设备管线主要包括给排水、采暖、空调、煤气以及电气照明等所需的设备管线，它们都占有一定的空间。在进行平面组合时，除应考虑一定的设备位置，恰当地布置相应的房间(如厕所、盥洗室、空调机房、水泵房、配电室等)外，对于设备管线较多的房间，如住宅中的厨房、卫生间，教学楼中的厕所、盥洗室，旅馆中的公共卫生间、客房卫生间等，在满足使用要求的同时，应尽量将设备管线集中布置、上下对齐，方便使用，有利于施工和节约管线。

(4)建筑造型

平面组合设计和建筑立面造型设计是相互影响、相互制约的，建筑造型本身离不开功能要求，它一般是内部空间的直接反映，反过来，建筑造型又会影响到平面组合形式。因此，平面组合设计时要兼顾建筑造型的要求，为立面设计奠定好基础。一般来说，简洁、完整的建筑造型无论对于缩短内部交通流线，还是对于结构简化、节约用地、降低造价以及提升抗震性能等，都是极为有利的。

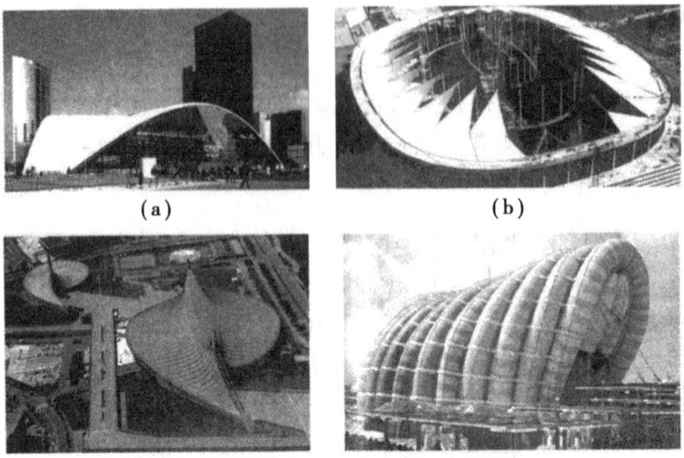

(a)　　(b)　　(c)　　(d)

图 3-39　空间结构

(a)薄壳结构;(b)张拉结构;(c)悬索结构;(d)膜结构

3.5.2　平面组合形式

建筑平面组合是指根据使用功能特点及交通路线的组织,将各个不同的房间组合在一起。各类建筑由于使用功能不同,房间之间的相互关系也不同。组合而成的建筑平面也具有各自的特点:有的建筑由许多大小相同的重复空间组合而成,它们彼此之间没有一定的使用顺序关系,各房间形成既联系又相对独立的房间,如学校、办公楼;有的建筑以一个大房间为主,其他均为从属房间,环绕着这个大房间布置,如电影院、体育馆;有的建筑房间按一定序列排列而成,即排列顺序完全按使用顺序而定,如展览馆、火车站等。建筑功能分析和交通路线的组织,是形成各种平面组合方式主要的内在依据,通过功能分析,初步形成的平面组合方式有走道式、套间式、大厅式、单元式组合等几种形式。

(1)走道式组合

走道式组合就是利用走道将使用房间连接起来,各房间沿走道一侧或两侧布置。房间的相互联系和房屋的内外联系主要通过走道,使用房间与交通联系部分明确分开,保持着各房间使用上的独立性,彼此干扰较小。同时,又能通过走道把各使用空间连成一体,各房间又保持着方便的联系。走道的长短随所连接房间的多少而变,平面组合比较灵活。这种组合方式,多用于房间面积不大,同类房间多次重复的建筑中,如办公楼、学校、旅馆、宿舍等,如图 3-40 所示。

(2)套间式组合

套间式组合是将各使用房间相互串联贯通,以保证建筑物中各使用部分的连续性的组合方式。其特点是交通部分和使用部分结合起来设计,平面紧凑,面积利用率高,适用于展览馆、商场、火车站等建筑。套间式组合按其空间序列的不同又可分为串联式和放射式两种。串联式是按一定顺序关系将房间联系起来,放射式是将各房间围绕交通枢纽呈放射式布置(图 3-41和图3-42)。

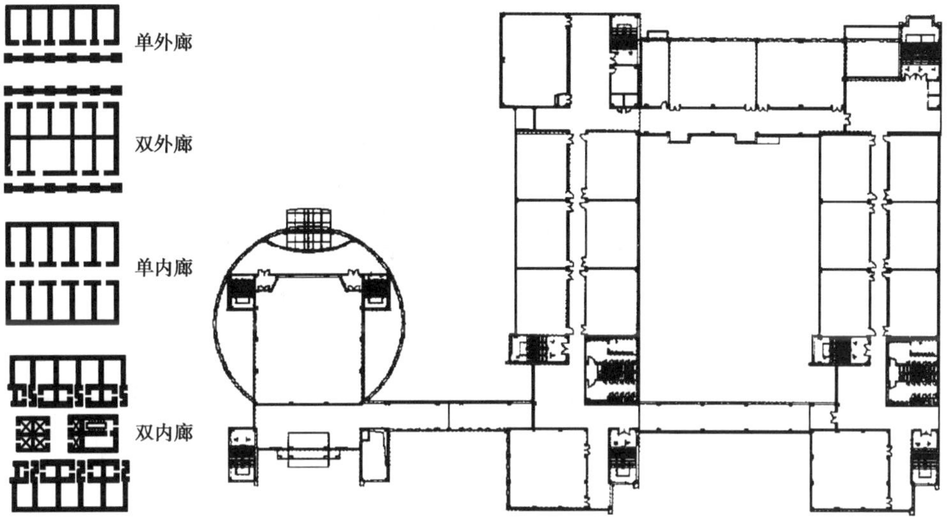

图 3-40　走道式组合

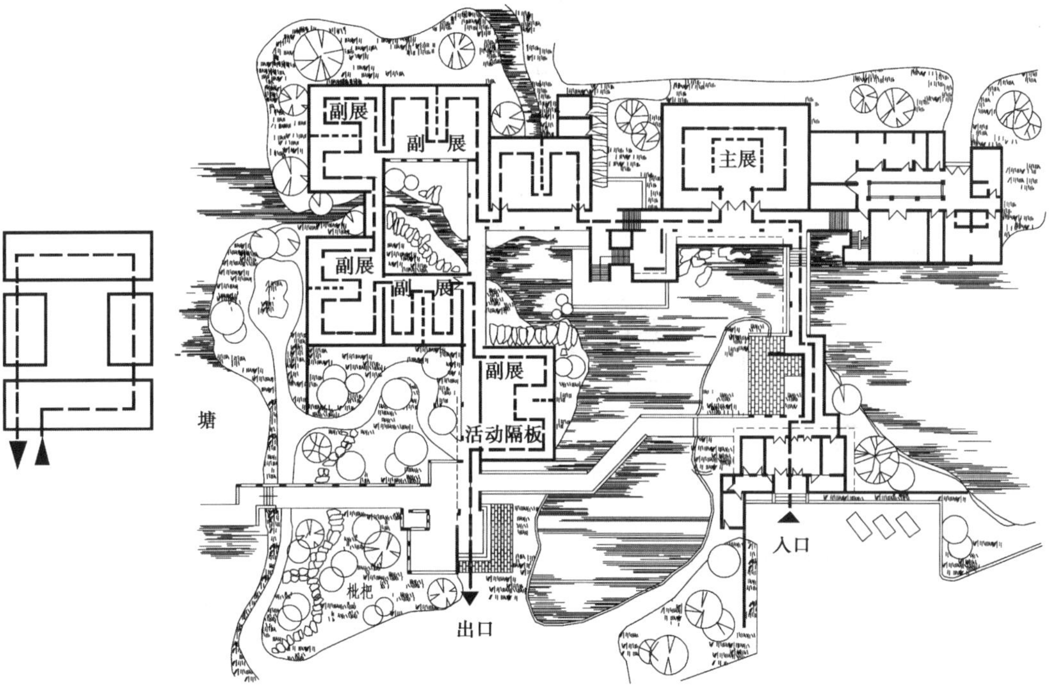

图 3-41　串联式空间组合实例

(3)大厅式组合

大厅式组合是以体量巨大的主体空间为中心,其他附属或辅助房间,环绕着它的周围布置。例如影剧院、体育馆等建筑的平面组合(图 3-43)。这种组合形式的特点是主体空间突出,主从关系明确,房间之间相互联系紧密。大厅式组合中,交通组织问题比较突出,设计时应使人流路线通畅、通行安全、导向明确。

(4)单元式组合

将关系密切的房间组合在一起成为一个相对独立的整体,称为单元。单元式组合就是将

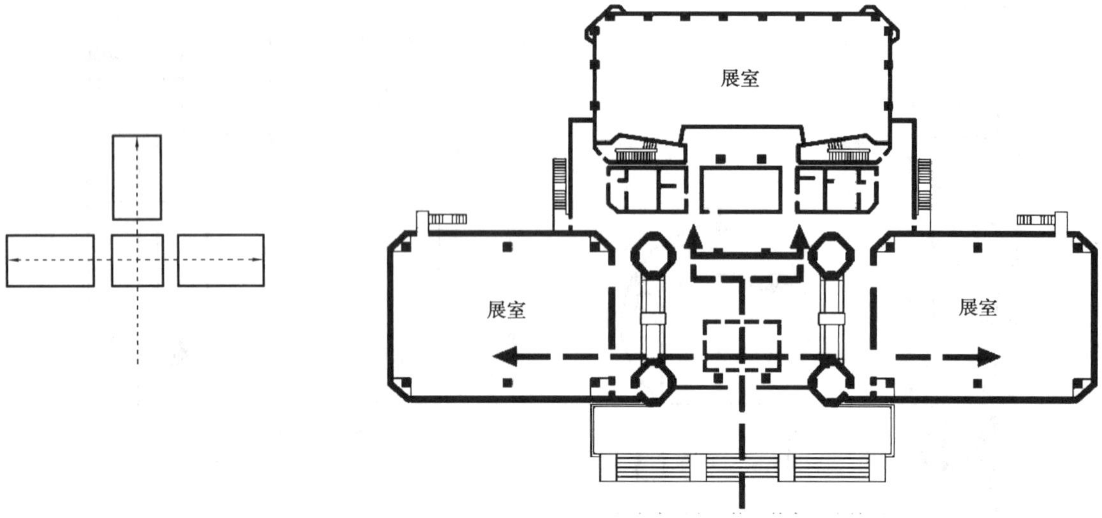

图 3-42　放射式空间组合实例

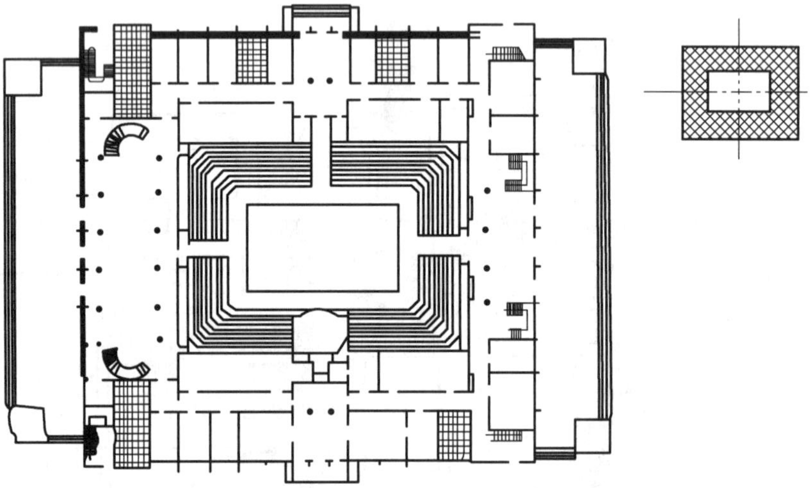

图 3-43　大厅式组合形式

这些独立的单元按使用功能在水平或垂直方向重复组合成一幢建筑。其特点是功能分区明确，单元之间相对独立，组合布局灵活，适应性强，广泛用于住宅、医院、学校等建筑组合中（图 3-44）。

3.5.3　建筑平面组合与总平面的关系

任何建筑物都不是孤立存在的，它与周围的建筑物、道路、绿化、建筑小区等密切联系，并受到它们及其他自然条件如地形、地貌等的限制。为使建筑物既能满足使用要求，又能与基地环境协调一致，首先必须做好总平面设计。建筑总平面设计就是根据使用功能要求，结合城市规划的要求、场地的地形地质条件，对场地内的建筑物、道路、绿化及其他构筑物和设施进行合理布置与设计，并综合利用环境条件使之成为有机的整体。

（1）基地环境与功能分区

对总平面进行必要的功能分区是确定单体建筑位置的前提。总平面功能分区是将各部分

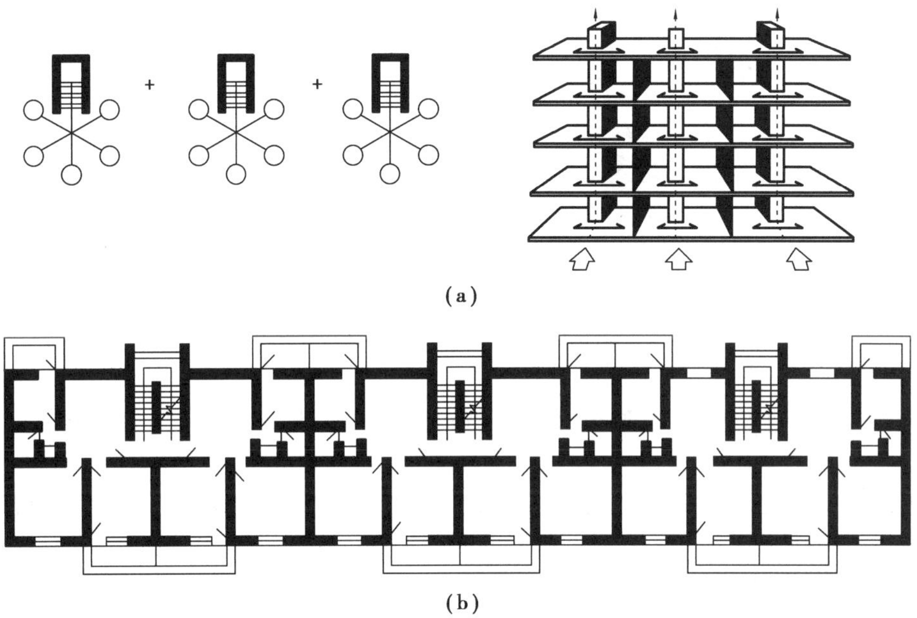

图3-44　单元式组合形式

建筑按不同的功能要求进行分类，将性质相同、功能相近、联系密切、对环境要求一致的部分划分在一起，组成不同的功能区，各区相对独立并成为一个有机的整体。功能分区需要满足各区之间既相互联系又相对独立与分隔的要求，还要处理好室内用房与室外场地的关系。此外，总平面功能场地的大小和形状，对建筑物的层数、平面组合有极大的影响。在同样能满足使用要求的情况下，建筑功能分区可采用较为集中紧凑的布置方式，或采用分散的布置方式，这方面除了和气候条件、节约用地以及管道设施等因素有关外，还和基地的大小与形状有关。同时，基地内人流、车流的主要走向，又是确定建筑平面中出入口和门厅位置的重要因素。例如，中小学建筑在总平面布局时，教学用房、教学辅助用房、行政管理用房、服务用房、运动场地、自然科学园地、生活区及绿化功能应分区明确、布局合理、联系方便、互不干扰，满足教学要求和采光、通风、日照、隔声等要求。风雨操场应离开教学区，靠近室外运动场地布置；教学行政区应与运动区分开，且其间距不小于25 m；宿舍可靠近室外活动场地，便于学生锻炼；后勤服务应布置在主导风向的下风侧等。

(2)建筑物的朝向

影响建筑物朝向的因素主要有日照和风向。不同季节，太阳的位置、高度都发生着有规律的变化。太阳在天空中的位置可以用高度角和方位角来确定(图3-45)。太阳高度角是指太阳射到地球表面的光线与地平面的夹角 h，方位角是太阳射到地球表面的光线与南北轴线所成的夹角 A。方位角在南北轴线之西标注正值，在南北轴线之东标注负值。根据我国所处的地理位置，建筑物采取南向或南偏东、南偏西向能获得良好的日照。在北方寒冷地区，建筑朝向应以东、南、西为宜，同时应尽量避免对着冬季的主导风向。在南方炎热地区，争取良好的自然通风是选择朝向的主要依据之一。

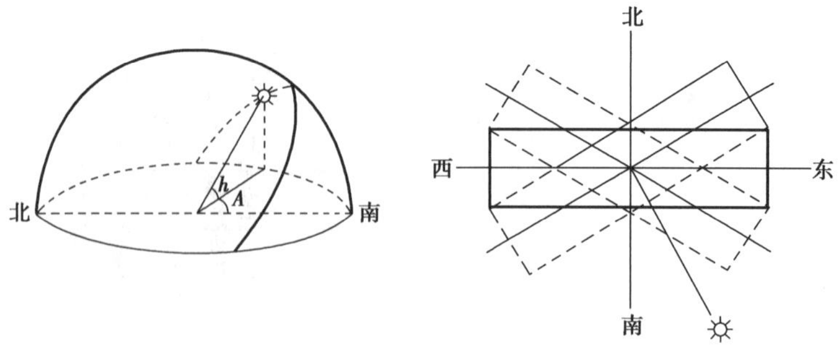

图 3-45　太阳的高度和方位角

(3)间距

建筑物的间距应根据日照、通风、防火等要求,以及节约用地和投资等因素综合考虑来确定。

其中,日照间距通常是确定建筑物间距的主要因素。日照间距是为了保证房间有一定的日照时数,建筑物彼此互不遮挡所必须具备的距离。建筑物日照间距的要求,是使后排建筑物在底层窗台高度处,保证冬季能有一定的日照时间。房间日照时间的长短,是由房间和太阳相对位置的变化关系决定的,这个相对位置以太阳的高度角和方位角表示。通常以冬至日正午12 时太阳能照到底层窗台高度为设计依据,以此确定建筑物日照间距(图 3-46)。

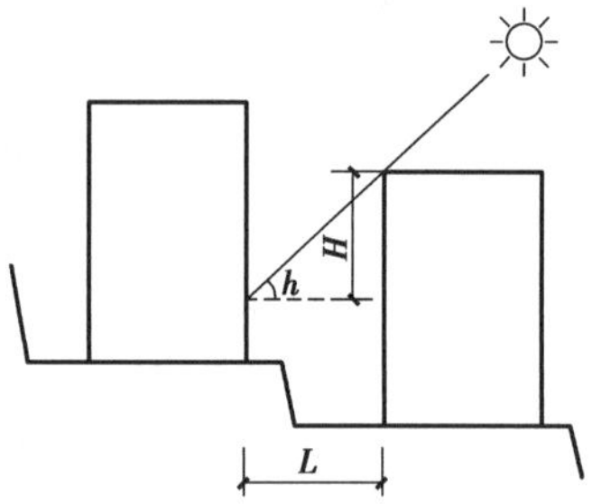

图 3-46　建筑物的日照间距

我国大部分地区日照间距为(1.0 ~ 1.7)H。越往南日照间距越小,越往北则日照间距越大。另外,还有为避免建筑之间相互干扰而设定的间距要求,如防视线干扰间距和隔声间距,如学校教学楼的间距要求应大于或等于 2.5H,而最小间距不小于 12 m。

第 4 章 建筑立面设计

4.1 建筑体型和立面设计的要求

(1)反映建筑的性格特征

不同使用功能要求的建筑,具有不同的内部空间和组合特点,而室内空间与外部形象又往往是不可分割的有机整体,建筑物的使用功能在建筑外部形象上的表露就是建筑性格特征。建筑的外部形象设计应尽量反映室内空间的要求,并充分表现建筑物的不同性格特征,达到形式与内容的辩证统一。建筑外部形象若能较充分地反映其内部功能所决定的内部空间特征,就具备了强烈的可识别性,不易造成视觉混乱。因此,由于建筑使用功能上的差别,室内空间和组合特点的差异,必然导致不同的外部体型及立面特征。

例如住宅建筑,由于内部空间小,人流出入较少的特性,立面上常以小巧的窗户、成组排列的阳台、凹廊等形成了生活气息浓郁的住宅建筑性格特征(图 4-1)。教学建筑由于使用人数较多且对采光要求高,一般具有连续的大窗、大开间及宽敞的入口等多层建筑的特征(图4-2)。大面积玻璃的陈列橱窗和接近人流的明显入口,显示出商业建筑的性格特征(图 4-3)。剧院建筑以巨大而封闭的观众厅、舞台和宽敞明亮的门厅、休息厅等三大部分的体量变化显示出其明朗、轻快、活泼的性格特征(图 4-4)。办公建筑形式多样,通常会根据办公建筑的定位、功能、用途等灵活变化,如作为企业形象的总部大楼,常常是企业形象和文化的代表,这类建筑在立意上尤为重要,个性分明(图 4-5)。

图 4-1 某住宅楼

图 4-2 某中学教学楼

图 4-3　某商业建筑

图 4-4　青岛大剧院

图 4-5　宝马汽车总部办公楼

(2)反映建筑技术条件

建筑不同于一般的艺术品,它要运用大量的建筑材料,并通过一定的结构施工技术等手段才能建成。因此,建筑体型及立面设计必然在很大程度上受到建筑技术条件的制约,并反映出结构、材料和施工的特点。

中国传统建筑(图 4-6)的形象和使用木材以及运用木构架系统分不开,希腊古典柱式建筑(图 4-7)又和使用石材以及采用梁柱布置密切相关,两种不同风格的建筑造型和立面处理,又都和当时手工生产为主的施工技术相适应。

图4-6　中国传统建筑

图4-7　希腊古典柱式建筑

随着现代新结构、新材料、新技术的发展,给建筑外形设计提供了更大的灵活性和多样性,特别是各种空间结构的大量运用,更加丰富了建筑物的外观形象,使建筑造型呈现出千姿百态(图4-8)。

(a)

(b)

(c)

图4-8　现代建筑实例

(a)某框架办公楼;(b)上海国家会展中心;(c)望京SOHO

由于施工技术本身的限制,各种不同的施工方法对建筑造型都具有一定的影响。如滑模建筑、升板建筑、大模板建筑、盒子建筑等都具有自己不同的外形特征。

(3)满足基地环境及城市规划要求

建筑本身处于一定的环境之中,是构成该处景观的重要因素。因此,建筑外形设计与室内空间一样,不能脱离环境而孤立进行,必须与周围环境协调一致。位于自然环境中的建筑要因地制宜,结合地形起伏变化使建设高低错落、层次分明,并与环境融为一体。在这一方面赖特设计的流水别墅堪称典范,如图 4-9 所示。

图 4-9　流水别墅

位于城市街道和广场的建筑物,一般由于用地紧张,受城市规划约束较多,建筑造型设计要密切结合城市道路、基地环境、周围原有建筑的风格及城市规划部门的要求等。

(4)符合社会经济条件

建筑物从总体规划、建筑空间组合、材料选择、结构形式、施工组织直到维修管理等都包含着经济因素。对于大量性民用建筑、大型公共建筑或国家重点工程等不同类型的建筑物,根据其使用性质和规模,应严格执行国家规定的建筑标准和相应的经济指标。在建筑标准、所用材料、造型要求和装饰外观上加以区别,防止片面强调建筑的艺术性,忽视建筑设计的经济性,应在合理满足使用要求的前提下,用较少的投资建造美观、简洁、明朗、朴素、大方的建筑物。一般来说,对于国家级纪念性、历史性建筑标准可以高一些。

(5)符合建筑构图的基本规律

建筑体型和立面设计,除了要从功能要求、技术经济条件以及总体规划和基地环境等因素考虑外,还必须符合建筑造型和立面构图的一些规律,例如比例尺度、完整均衡、变化统一以及韵律和对比等。

4.2　建筑构图的基本法则

4.2.1　完全形与不完全形

以往的美学家认为“完全形”,即简单、基本的几何形状可以引起人们的美感,他们特别推崇圆、球等形状,认为其是完整的、一致性的象征,而这一美学观点可以从古今中外众多的建筑实例中得到证实,如圣彼得大教堂、天坛、金字塔(图 4-10)等皆因采用简单的几何形状构图,使建筑体型达到了完整和统一。

图4-10　埃及金字塔(完全形建筑)

近代的建筑突破了古典建筑形式的束缚,虽然出现了许多不规则的构图形式,但在条件适合的情况下,也不排斥运用圆形、正方形、正三角形等几何形状来构图,如图4-11所示。

图4-11　魏斯曼家具博物馆(不完全形建筑)

4.2.2　主从与重点

在由若干要素组合的整体中,每一要素在整体中所占的比重、地位,皆将影响到整体的统一性。若使所有的要素都竞相突出,或皆处于同等重要的地位,分不出主次,将会削弱整体的完整统一性。在建筑设计实践中,由平面组合到立面处理、内部空间到外部空间、细部装饰到群体组合,为达到统一都应处理好主从、轻重之间的关系。一幢建筑物若失去重心、重点或中心,不仅使人感到平淡无奇,而且还会由于松散而失去整体统一性。

在建筑设计过程中,我们会发现很多主次关系:功能的主次、形体的主次、色彩的主次等。如图4-12所示的伊斯坦布尔圣索菲亚大教堂的大穹顶与从属的高塔。

图 4-12　伊斯坦布尔圣索菲亚大教堂

4.2.3　对比与微差

对比指的是要素之间显著的差异，微差所指的是不显著的差异。就形式美而言，这两者都是不可缺少的。对比可以借由彼此之间的烘托、陪衬来凸显各自的特点以求得变化；微差则可以借助相互之间的共通性求得和谐。没有对比会使人感到单调，而过分地强调对比会导致失去相互之间的协调一致性，易造成视觉感官上的混乱，唯有将这两者巧妙地结合，才能达到既有变化又和谐、既多样又统一。

图 4-13　巴黎圣母院

对比和微差只局限于同一性质的差异之间，如大与小、直与曲、虚与实，以及不同形状、不同色调、不同质地等。在建筑设计领域中，无论是整体还是局部，单体还是群体，内部空间还是外部形体，为了求得统一和变化，都离不开对比与微差手法的运用。如图 4-13 所示的巴黎圣母院，其门窗在形式上的对比与微差使得整个立面处理和谐统一又富有变化。

4.2.4　均衡与稳定

均衡与稳定是人们在长期实践中形成的观念，被人们当作一种建筑美学的原则来遵循。所谓均衡，是指建筑物各体量在建筑构图中的左右、前后相对轻重关系；稳定是指建筑物在建筑构图上的上下轻重关系。

均衡可以分为两大类：一类是对称形式的均衡；另一类是不对称形式的均衡。前者较严谨，能给人以庄严的感觉；后者较灵活，给人以轻巧和活泼的感觉。究竟采取哪一种形式的均衡，需要根据建筑物的功能要求、性格特征以及地形、环境等条件综合确定。图 4-14 中的泰姬陵采用对称式的均衡方式，下大上小，给人十分稳定安详的感觉。

图 4-14　泰姬陵

4.2.5　韵律与节奏

韵律本来是表明音乐及诗歌中音调的起伏及节奏感。以往的美学家多认为诗和音乐的起源与人类本能的爱好节奏与韵律有关。而自然界中许多的事物或现象,往往由于有规律的重复出现或有秩序的变化,也可以激发人们的美感。例如将石子投入水中,会激起一圈圈由中心往外扩散的涟漪,这就是一种富有韵律感的自然现象。除此之外,其他如人工编织物,在线条相互的交错、穿插之下,同样能形成韵律感。

韵律美在建筑中的体现极为广泛、普遍,不论是中国建筑或西方建筑,还是从前或现今的建筑,几乎处处都能给予人们美的韵律及节奏感,更有人将建筑比喻成"凝固的音乐"。图 4-15 所示为河南登封嵩岳寺塔,逐渐收缩的层层出檐具有渐变的韵律均衡与稳定感。

图 4-15　嵩岳寺塔

4.2.6　比例与尺度

任何物体,不论呈何种形状,都必然存在着长、宽、高三个方向的度量,比例所探寻的即是这三个度量之间的关系。经过长期的比较、研究、探索,人们发现圆形、正三角形、正方形等具有确定数量之间制约的几何图形,可以用来当作判别比例关系的标准和尺度。而至于长方形,最理想的长宽配比为 1∶0.618,即所谓的黄金分割,又称"黄金比例"。此外,比邻的长方形,若将其对角线互相垂直平行则可产生和谐的比例效果。如图 4-16 所示的帕提农神庙,从柱式到门廊都是经过精心研究而确定的,门廊呈黄金分割比例的划分使建筑显得典雅、舒适、和谐。

建筑物的整体是由局部组成的,整体的尺度感固然和建筑物的真实大小有直接的关联性,但从建筑物处理的角度来看,局部对于整体尺度的影响也是很大的。局部越小,透过对比的作用,所反衬出的整体就越高大;反之,过大的局部,则会使整体显得矮小。

图 4-16　帕提农神庙

4.3　建筑体型的组合

4.3.1　建筑体型组合方法

(1)单一基本几何体型及其组合体

单一基本几何体型及其组合体是常见的建筑体型。这类建筑体型的特点是:平面和外部体型较完整单一,十分简洁,秩序性很强,如正方形、矩形、三角形或多边形、简单的曲线体及其组合体等。体型虽然有高有低,但整个造型轮廓分明、简洁、统一完整。

淮安周恩来纪念馆(图 4-17)在建筑造型上采取了最简洁的体形—抽象的方形。它力求体现中国的传统思维"天圆地方"—古代传统的宇宙感、永恒感,"正直""中和""方正""四面八方",而且具有多向性,是形象中最容易接受的直觉感受。在纪念馆设计中,将方形置于"中轴岛"的圆形外堤中,可以产生更强烈的对比,更加突出"方"的形象。"方"的建筑体型以及方锥形的屋顶,于是"方""方锥""圆"成为抽象几何中最单一、最明确、最易理解的体型。

(2)两个相同单一体型的组合

由两个相同单一体型组成的建筑和单一体型的不同点在于它的主体是成双的、大体等高且体型相同的组合,成双体没有主副体之分,却是独立完整的建筑。

以色列特拉维夫犹太教堂和犹太遗产中心(图 4-18)位于特拉维夫大学校园内,其形式和尺寸完全相同的两个建筑被赋予不同的功能,令人瞩目。基本方案巧妙地综合了犹太教堂和会议大厅两种功能,并将其转换到一种形式意义相等的建筑形象之中,独立而统一。

(3)新的复杂或有机体型

20 世纪后半叶,大量基本几何体及其组合体的建筑体型被认为存在冷漠、单一、枯燥的缺点,人们希望有更具挑战性的新的体型建筑出现。同时,由于数字时代软件技术的迅猛发展,以及结构技术与材料的进步,建筑师为此进行了大量的研究与探索,出现了各种类型的复杂体

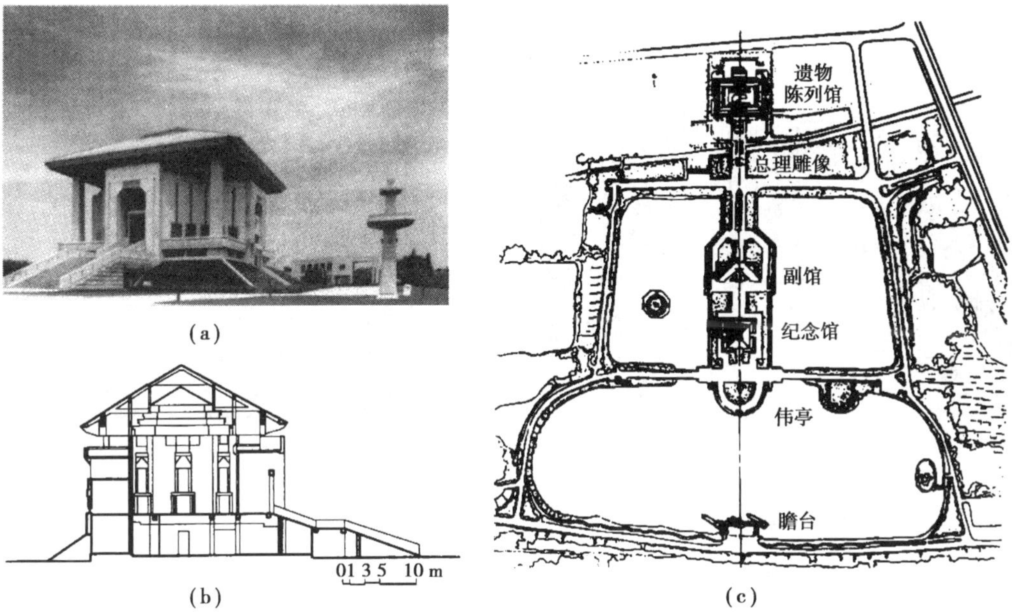

图 4-17　周恩来纪念馆
(a)群体近景;(b)剖面图;(c)总平面图

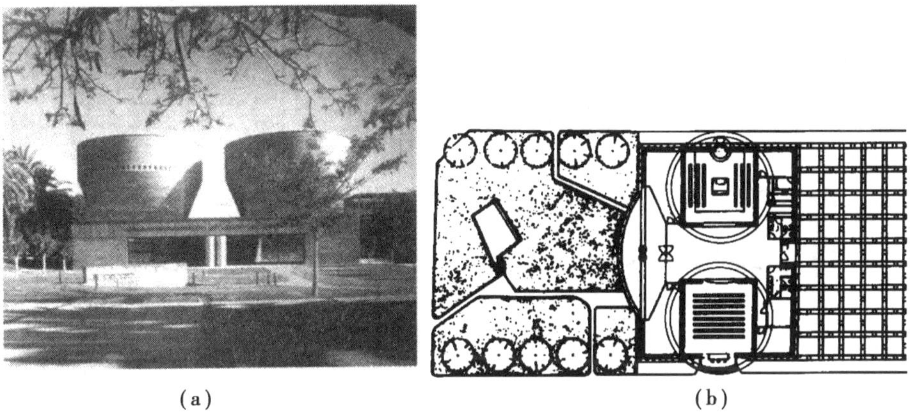

图 4-18　以色列特拉维夫犹太教堂和犹太遗产中心
(a)外观;(b)平面图

型。西班牙毕尔巴鄂古根海姆博物馆(图 4-19)建在内尔维翁河畔开发的一块工业用地上,其形体像火山一样凝聚在一起,像古典建筑那样围绕着中心的三层体量。一个在飞机设计中应用的计算机软件不仅在概念设计中起到了作用,而且保证了多层、起伏不定的 2 500 m^2 的空间的精确实现。

一般说来,新的复杂体型的处理应从整体出发,将建筑区分为主要部分和从属部分,使之有重点、有中心、主次分明,形成有组织、有秩序、有规律的完整统一体。另一类如阿拉伯联合酋长国某酒店(图 4-20),为基本几何体造型的创新注入了活力。总之,不管是哪一类体型都要突破传统的束缚。可以预计,这类建筑会越来越多,使建筑体型跨进一个新的时代。

图 4-19　西班牙毕尔巴鄂古根海姆博物馆

图 4-20　阿拉伯联合酋长国某酒店

4.3.2　体量的联系与交接

由不同大小、高低、形状、方向的体量组合而成的复杂建筑体型,其各个体量之间的联系和交接,将直接影响到建筑体型的完整性及建筑功能和建筑结构的合理性。设计中常采用直接连接、咬接及以走廊或连接体相连的连接方式,如图 4-21 所示。

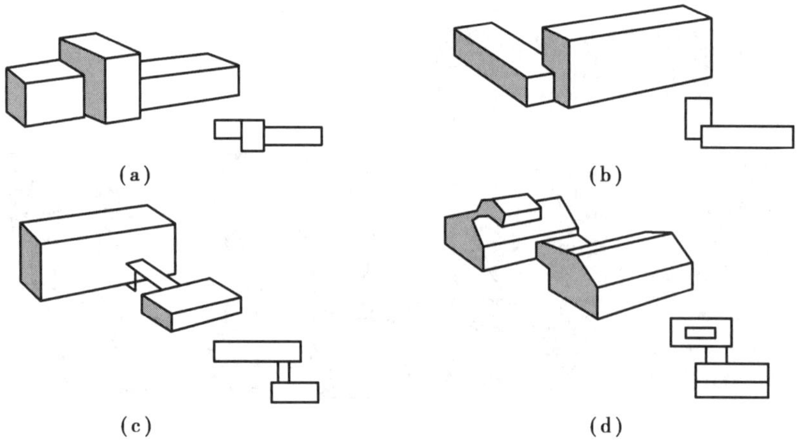

图 4-21　体量交接的集中方式示例

(a)不同体量直接连接;(b)不同体量相互咬接在一起

(c)不同体量之间靠走廊连接在一起;(d)采用较小的体量来作为较大体量之间的连接体

(1)直接连接

在体型组合体中,将不同体量的面直接相连的方法称为直接连接。这种方式具有体型分明、简洁、整体性强的优点,常用于各房间要求联系紧密的建筑。

(2)咬接

各体量之间相互穿插,体型较复杂,但组合紧凑,整体性强,较直接连接易于获得有机整体的效果,是组合设计中常用的一种方式。

(3)以走廊或连接体相连

这种方式的特点是各体量之间相对独立而又互相联系,走廊的开敞或封闭、单层或多层,常随不同功能、地区特点及创作意图而定,使建筑给人以轻快、舒展的感觉。

无论哪一种形式的体型组合都要首先遵循构图法则，做到主从分明、比例恰当、交接明确、布局均衡、整体稳定、群体组合、协调统一。在处理复杂体型中各体量的关系时，必须考虑的因素还有建筑物的结构构造、地区的气候条件、地震烈度以及基地环境等。

4.3.3　体型的转折与转角处理

体型的组合往往受到所处地形和位置的影响，如在十字、丁字或任意转角的路口或地带布置建筑物时，为了创造较好的建筑形象及环境景观，必须对建筑物进行转折或转角处理，实现与地形环境相协调。转折与转角处理中，应顺其自然地形，充分发挥地形环境优势，合理进行总体布局。如在路口转角处采用主附体相结合的处理，以附体陪衬主体，如图 4-22 所示。

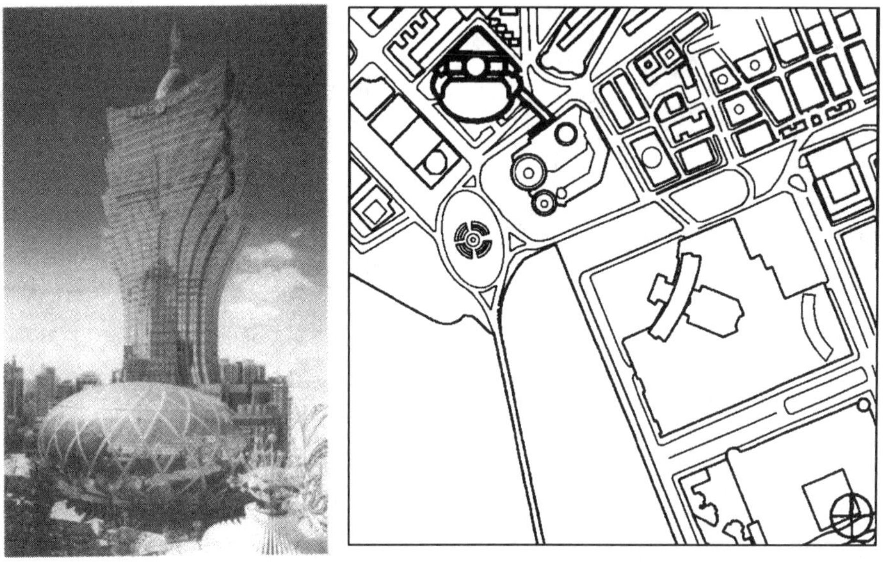

(a)　　(b)

图 4-22　采用主附体相结合的处理方式

(a)设计外观；(b)总平面图

4.4　建筑立面造型的设计方法

建筑立面由门、窗、墙、柱、阳台、雨篷、檐口、勒脚以及线角等构部件组成，根据建筑功能要求，运用建筑构图法则，恰当地确定这些构部件的比例、尺度、位置、使用材料与色彩，设计出完美的建筑立面，是立面设计的任务。立面处理时，要注意立面的比例与尺度、虚实与凹凸。

4.4.1　立面的比例与尺度

建筑物的整体及立面的每一个构成要素都应根据建筑的功能、材料结构的性能以及构图法则而赋予合适的尺度及比例协调。尺度正确，是使立面完整统一的重要因素。建筑物各部分的比例关系以及细部的尺度对整体效果影响很大，如果处理不好，即使整体比例很好，也无济于事。这就要求设计者借助于比例尺度的构图手法、前人的经验以及早已在人们心目中留下的某种确定的尺度概念，恰当地加以运用，从而获得完美的建筑形象。如图4-23所示，不同的划分给人的感觉是不一样的。

图4-23　建筑划分对建筑尺度和大小感觉方面的作用

4.4.2　立面的虚实与凹凸

虚与实、凹与凸是设计者在进行立面设计中常采用的一种对比手法。在建筑立面构成要素中，窗、空廊、凹进部分以及实体中的透空部分，常给人以轻巧、通透感，故称为“虚”；而墙、垛、柱、栏板等给人以厚重、封闭的感觉，称为“实”。由于这些部件通常是结构支承所不可缺少的部分，因而从视觉上讲也是力的象征。在立面设计中虚与实是缺一不可的，没有实的部分整个建筑就会显得脆弱无力；没有虚的部分则会使人感到呆板、笨重、沉闷。图4-24所示为美国国家艺术馆东馆，其运用虚实对比手法，增强了建筑的凝重气氛，同时又使入口突出，整个体型和立面简洁大方。

4.4.3　立面的线条处理

建筑立面上客观存在着各种各样的线条，如檐口、窗台、勒脚、窗、柱、窗间墙等，这些线条的不同组织可以获得不同的感受。如横向线条使人感到舒展、平静、亲切感；而竖向线条则给人挺拔、向上的气氛；曲线有优雅、流动、飘逸感。具体采用哪一种形式应视建筑的体型、性质及所处的环境而定，立面线条的划分既应反映建筑的性格，又应使各部分比例处理得当，如图4-25所示。

4.4.4　立面的色彩与质感

色彩与质感是材料的固有特性，它直接受到建筑材料的影响和限制。一般来说，不同的色彩给人的感受是不同的，如暖色使人感到热烈、兴奋、扩张；冷色使人感到宁静、收缩；浅色使人感到明快；深色又使人感到沉稳。运用不同的色彩还可以表现出不同的建筑风格、地方特点及民族风格。

图 4-24　美国国家艺术馆东馆

图 4-25　利用曲线的悉尼歌剧院

立面色彩处理时应注意以下问题:第一,色彩处理要注意统一与变化,并掌握好尺度。在立面处理中,通常以一种颜色为主色调,以取得和谐、统一的效果。同时局部运用其他色调以达到统一中求变化、画龙点睛的目的。第二,色彩运用要符合建筑特点。如医院建筑宜采用给人安定、洁净感的白色或浅色调;商业建筑则常采用暖色调,以增加其热烈气氛。第三,色彩运用要与环境有机结合,既要与周围建筑、环境气氛相协调,又要适应当地的气候条件与文化背景,如图 4-26 所示。

材料的质感处理包括以下两个方面:一方面可以利用材料本身的固有特性来获得装饰效

图 4-26　北京故宫御花园千秋亭

果，如未经磨光的天然石材可获得粗糙的质感，玻璃、金属则可获得光亮与精致的质感；另一方面是通过人工的方法创造某种特殊质感。在立面设计中，历代建筑大师常通过材料质感来加强和丰富建筑的表现力，从而创造出光彩夺目的建筑形象。随着建材业的不断发展，利用材料质感来增强建筑表现力的前景是十分广阔的。

贝聿铭将卢浮宫扩建工程的入口设计成玻璃金字塔。金字塔形体简单突出，全玻璃的墙体清明透露，没有沉重壅塞之感。这种处理手法，没有触动、损害卢浮宫这座宫殿，既充满了生气，有吸引力，又尊重了历史，最好地保护了原有环境，使建筑融入环境，如图 4-27 所示。

4.4.5　重点与细部处理

立面设计中的重点处理，目的在于突出反映建筑物的功能使用性质和立面造型上的主要部分，具有画龙点睛的作用，有助于突出表现建筑物的性格。

图 4-27　玻璃金字塔鸟瞰图

建筑立面需要重点处理的部位有建筑物出入口、楼梯、转角、檐口等，重点部位不可过多，否则就达不到突出重点的效果。重点处理常采用对比手法，如采用高低、大小、横竖、虚实、凹凸等对比处理，以取得突出中心的效果，如图 4-28 所示。

立面的细部主要指的是窗台、勒脚、阳台、檐口、栏杆、雨篷等线脚以及门廊、大门和必要的花饰，对这些部位做必要的加工处理和装饰是使立面达到简而不陋，从简洁中求丰富的良好途径。细部处理时应注意比例协调、尺度宜人，在整体形式要求的前提下，统一中有变化，多样中求统一，如图 4-29 所示。

图4-28　建筑入口重点处理示例(安徽省博物馆新馆)

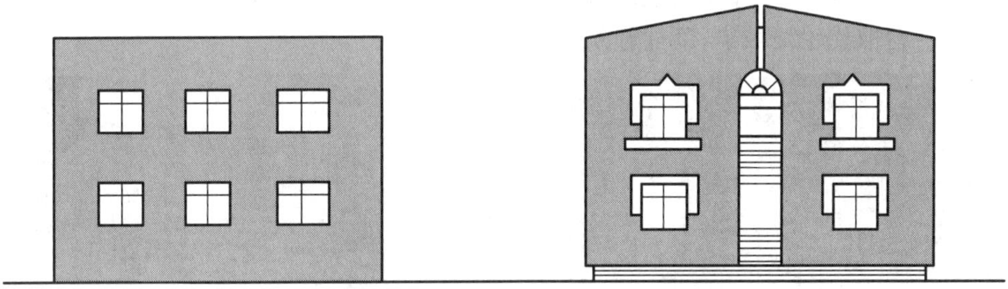

图4-29　同一体型、同一基本构成要素的不同立面处理可获得不同的建筑形象

4.5　建筑物无障碍设计

4.5.1　无障碍设计的定义

“无障碍设计”(Barrier Free Design)的名称始于1974年联合国组织专家会议报告提出的设计新主张,是指消除对使用者构成障碍因素的设计。

随着社会的发展和进步,无障碍设计的内涵不断地被改变和调整,不仅将“有障碍者”的含义转变为“有困难者”,还扩展了无障碍设计的内容,不仅仅指传统意义上广为大众理解的硬件设施上的无障碍设计,例如盲道、坡道、扶手等常见的无障碍硬件设施,还包括了图形化的信息指示、多元化的信息传达方式(如色彩、材料、光影等手段的运用)、各种便捷的服务(问询处等)、人性化的视觉引导系统等软件上的无障碍设计工作。

因而,无障碍设计的定义是通过规划、设计减少或消除残疾人、老年人等弱势群体在公共空间(包括建筑空间、城市环境)活动中行为障碍而进行的设计工作。从发展的角度上讲,广义的无障碍设计是指在满足残疾人、老年人等弱势群体特殊要求的同时,能为所有健全人使用的设计概念。

4.5.2　无障碍设计的内容与要求

为了建设城市的无障碍环境,提高人们的社会生活质量,确保有需求的人能够安全、方便地使用各种设施,我国颁布了《无障碍设计规范》(GB 50763—2012)。

4.5.3 无障碍设施设计要点

(1)无障碍出入口

无障碍出入口是指在坡度、宽度、高度上以及地面材质、扶手形式等方面方便行动障碍者通行的出入口,一般可以分为平坡出入口、同时设置台阶和轮椅坡道的出入口、同时设置台阶和升降平台的出入口三种。

平坡出入口(图 4-30)是指地面坡度不大于 1∶20 且不设扶手的出入口,是人们在通行中最为便捷的无障碍出入口,既方便行动不便的人群,也给其他人带来了便利,应该在大型公共建筑中优先选用。同时设置台阶和升降平台的出入口宜应用于受场地限制无法改造坡道的工程,如在建筑出入口进行无障碍改造时,因场地条件有限而无法修建坡道时,可以采用占地面积小的升降平台取代轮椅坡道,新建建筑不提倡采用。

图 4-30 平坡出入口实例

无障碍出入口的地面应平整、防滑,为人们进出时提供便利,特别是雨雪天气尤为需要。一般设计中不提倡将室外地面滤水箅子设置在常用的人行通路上,为了防止卡住轮椅的轮子、盲杖等,要求室外地面滤水箅子的孔洞不应大于 15 mm。

建筑出入口的平台是人流通行的集散地带,特别是公共建筑显得更为突出,既要方便乘轮椅者的通行和回转,还应给其他人的通行和停留带来便利和安全。所以,无障碍出入口的上方应设置雨篷,入口平台也要求有足够的深度。如果入口平台的深度做得很小,就会造成推开门扇就下台阶,稍不留意就有跌倒的危险。因此,除平坡出入口外,在门完全开启的状态下,建筑物无障碍出入口的平台净深度不应小于 1.50 m(图 4-31)。

建筑物无障碍出入口门厅、过厅设两道门时,为避免在门扇同时开启后碰撞正在通行期间的乘轮椅者,门扇同时开启时两道门的间距不应小于 1.50 m。

坡面越平缓,人们越容易自主地使用坡道。因此,平坡出入口的地面坡度不应大于 1∶20,当场地条件比较好时,不宜大于 1∶30。

(2)轮椅坡道

轮椅坡道宜设计成直线形、直角形或折返形(图 4-31)。轮椅坡道宽度的设计首先应满足疏散的要求,轮椅坡道的净宽度不应小于 1.00 m,无障碍出入口轮椅坡道的净宽度不应小于 1.20 m。轮椅坡道的高度超过 300 mm,且坡度大于 1∶20 时,乘轮椅者及其他行动不便的人需要借助扶手才更为安全,因此这种情况下应在坡道两侧设置扶手,且坡道与休息平台的扶手应保持连贯(图 4-32)。不同坡度的轮椅坡道给使用者的使用感受是不同的,使用者可承受的最大坡道高度和水平长度也相应变化(图 4-33)。为了最大限度地满足使用者的安全与舒适的需求,轮椅坡道的最大高度和水平长度应符合表 4-1 的要求。

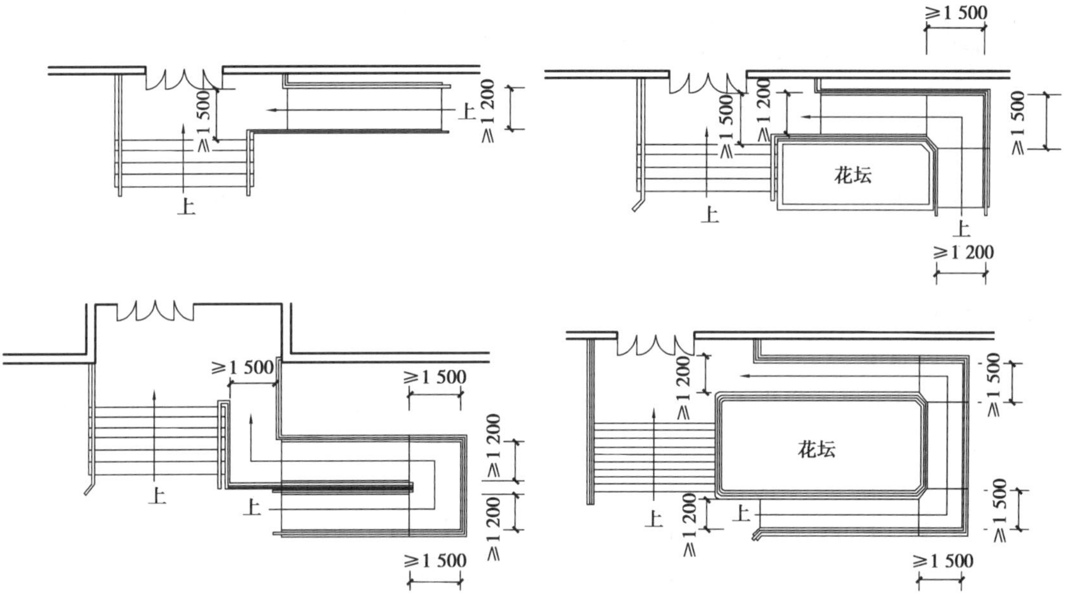

图 4-31　出入口轮椅坡道

图 4-32　轮椅坡道实例

表 4-1　轮椅坡道的最大高度和水平长度

坡度	1∶20	1∶16	1∶12	1∶10	1∶8
最大高度/m	1.20	0.90	0.75	0.60	0.30
水平长度/m	24.00	14.40	9.00	6.00	2.40

注:其他坡度可用插入法进行计算。

轮椅坡道的坡面应平整、防滑、无反光。起点、终点和中间休息平台的水平长度不应小于 1.50 m。轮椅坡道临空侧应设置安全阻挡设施(图 4-33),并应设置无障碍标志。

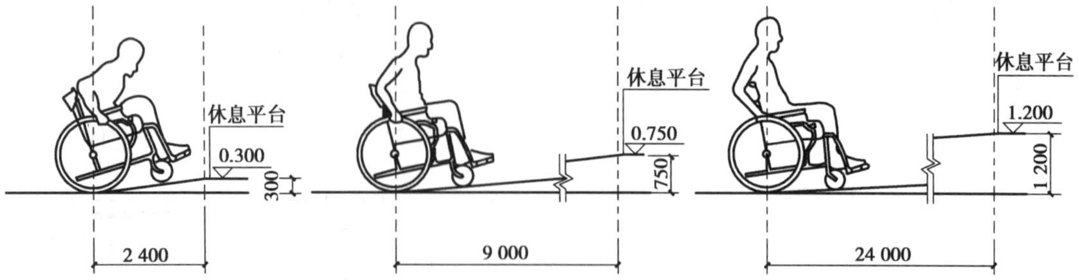

1∶8坡道最大高度及水平长度（重心前倾）　1∶12坡道最大高度及水平长度（重心稍向前）　1∶20坡道最大高度及水平长度（重心可不动）

图 4-33　轮椅坡道的最大高度及水平长度

(3)无障碍通道、门

1)无障碍通道

①室内走道宽度不应小于 1.20 m,人流较多或较集中的大型公共建筑的室内走道宽度不宜小于 1.8 m;室外通道宽度不宜小于 1.50 m(图 4-34)。

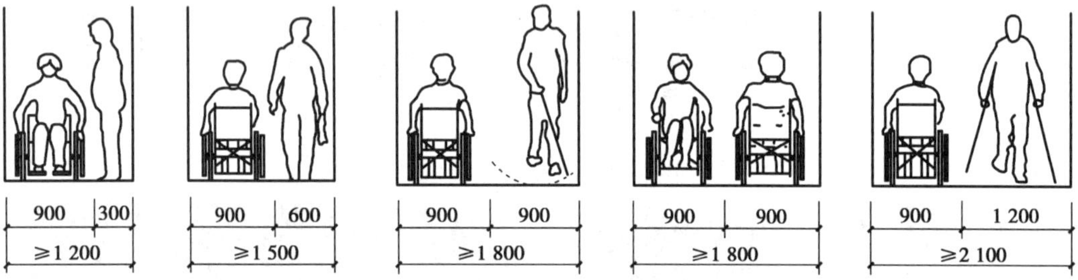

图 4-34　无障碍通道宽度

②检票口、结算口轮椅通道宽度不应小于 900 mm(图 4-35)。

③无障碍通道应连续,地面应平整、防滑、反光小或无反光,不宜设置厚地毯。

④无障碍通道上有高差时,应设置轮椅坡道。

⑤斗向的自动扶梯、楼梯等下部空间可以进入时,应设置安全挡牌,如图 4-36 所示。

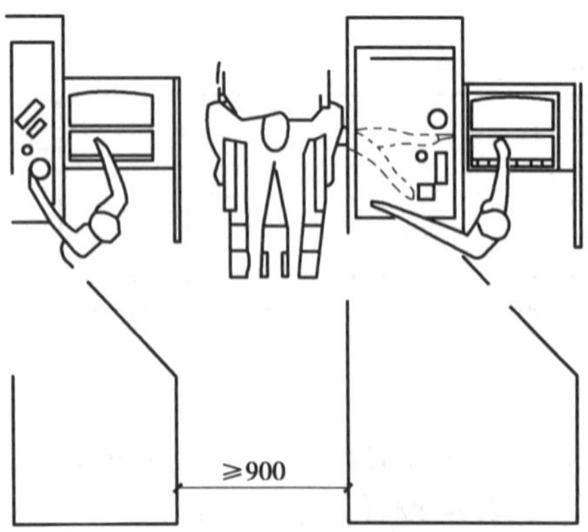

图 4-35　结算通道无障碍设计宽度

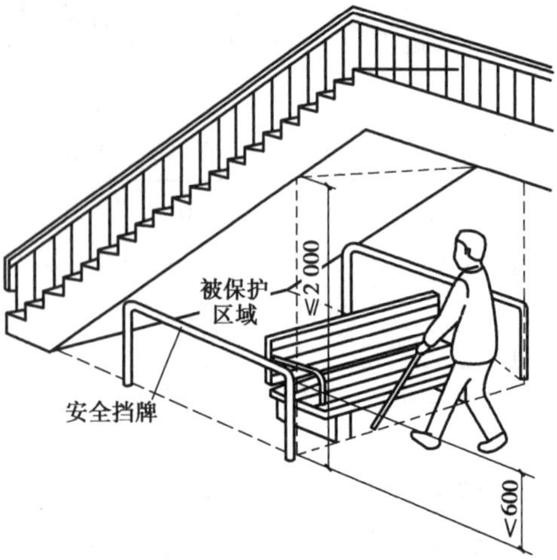

图 4-36　设置安全挡牌

⑥固定在无障碍通道的墙、立柱上的物体或标牌距地面的高度不应小于2.00 m；当小于2.00 m时，探出部分的宽度不应大于100 mm；如突出部分大于100 mm，则其距地面的高度应小于600 mm（图4-37）。

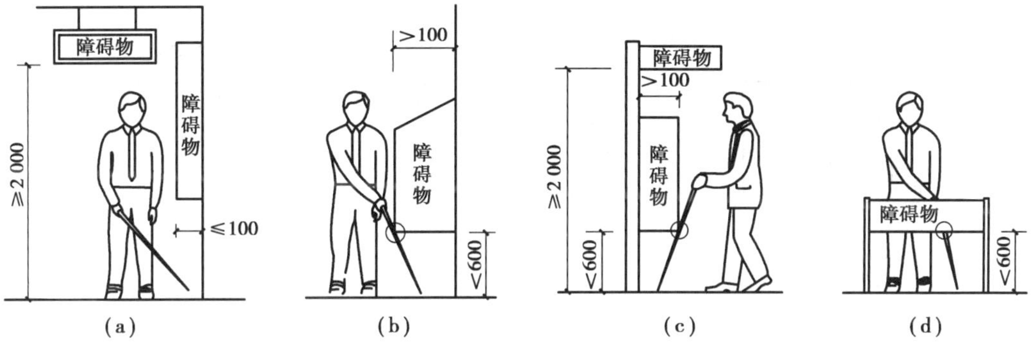

图4-37　无障碍通道障碍物位置

（a）以杖探测墙；（b）—（d）以杖探测障碍物

2）门的无障碍设计

①在门的无障碍设计中，不应采用力度大的弹簧门，并不宜采用弹簧门、玻璃门；当采用玻璃门时，应有醒目的提示标志。门宜与周围墙面有一定的色彩反差，方便识别。

②自动门开启后通行净宽不应小于1.00 m。平开门、推拉门、折叠门开启后的通行净宽度不应小于800 mm，有条件时，不宜小于900 mm（图4-38）。

③在无障碍门的设计中，两道门间距尺寸要求如图4-39所示。在门扇内外应留有直径不小于1.50 m的轮椅回转空间。

④在单扇平开门、推拉门、折叠门的门把手一侧的墙面，应设宽度不小于400 mm的墙面。无障碍通道上的门扇应便于开关，平开门、推拉门、折叠门的门扇应设距地900 mm的把手，宜设视线观察玻璃，并宜在距地350 mm范围内安装护门板（图4-40）。

⑤门槛高度及门内外地面高差不应大于15 mm，并应以斜面过渡。

（4）无障碍楼梯、台阶

无障碍楼梯（图4-41）宜采用直线形楼梯。公共建筑楼梯的踏步宽度不应小于280 mm，踏步高度不应大于160 mm。不应采用无踢面和有直角形凸缘的踏步（图4-42），宜在两侧均做扶手。如采用栏杆式楼梯，在栏杆下方宜设置安全阻挡措施。踏面应平整防滑或在踏面前缘设防滑条。距踏步起点和终点250～300 mm处宜设提示盲道（图4-43）。踏面和踢面的颜色宜有区分和对比，楼梯上行及下行的第一阶宜在颜色或材质上与平台有明显区别。

台阶的无障碍设计中要注意以下几个方面：踏步应防滑，三级及三级以上的台阶应在两侧设置扶手，台阶上行及下行的第一阶宜在颜色或材质上与其他阶有明显区别。公共建筑的室内外台阶踏步宽度不宜小于300 mm，踏步高度不宜大于150 mm，并不应小于100 mm。

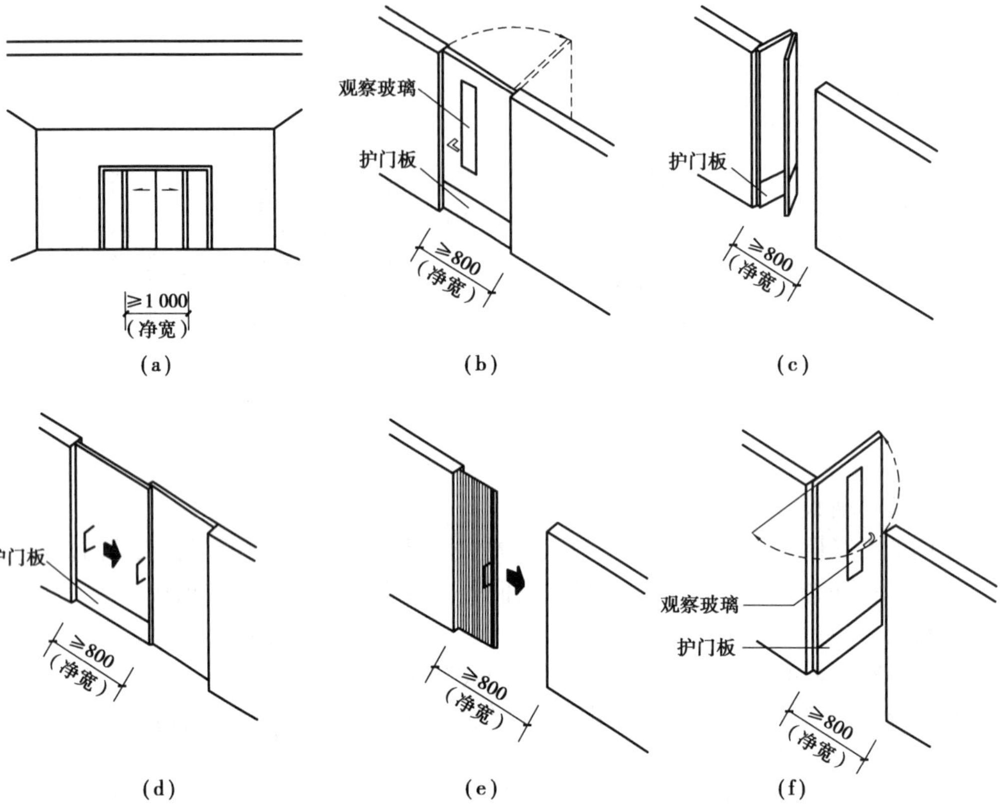

图 4-38　无障碍门的类型

(a)自动门;(b)平开门;(c)折叠门;(d)推拉门;(e)多折门;(f)小力度弹簧门

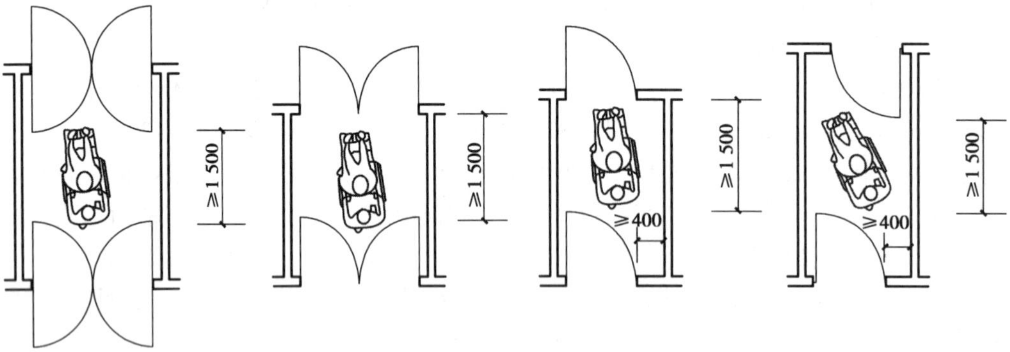

图 4-39　两道门间距

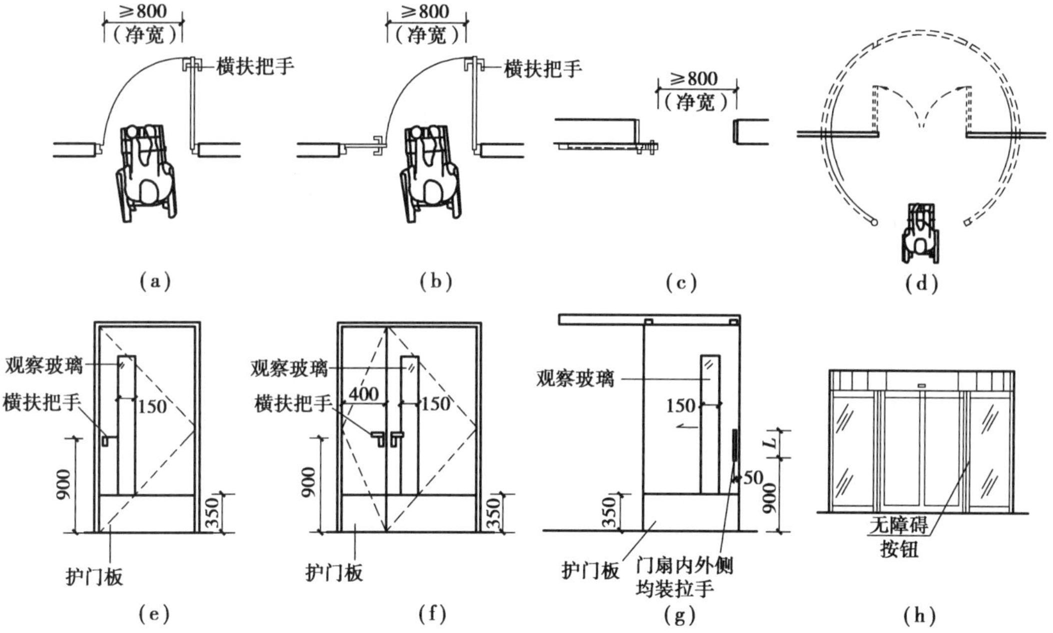

图4-40 无障碍门的设计

(a)单扇平开门平面图;(b)双扇平开门平面图;(c)单扇推拉门平面图;(d)旋转门平面图;
(e)单扇平开门立面图;(f)双扇平开门立面图;(g)单扇推拉门立面图;(h)旋转门立面图

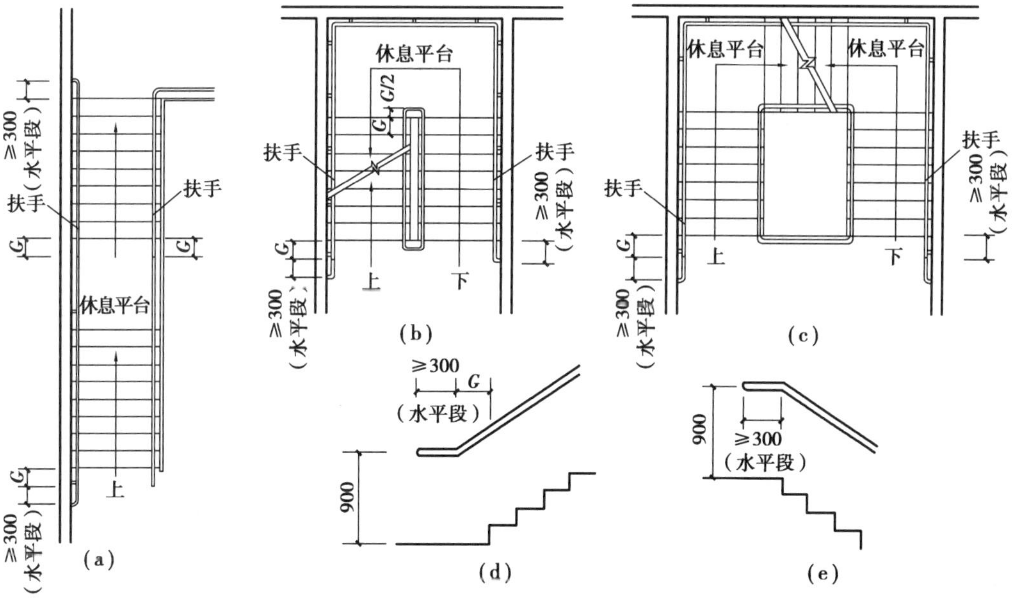

图4-41 无障碍楼梯

(a)直跑楼梯平面图;(b)双跑楼梯平面图;
(c)三跑楼梯平面图;(d)靠墙扶手起点水平段;(e)靠墙扶手终点水平段

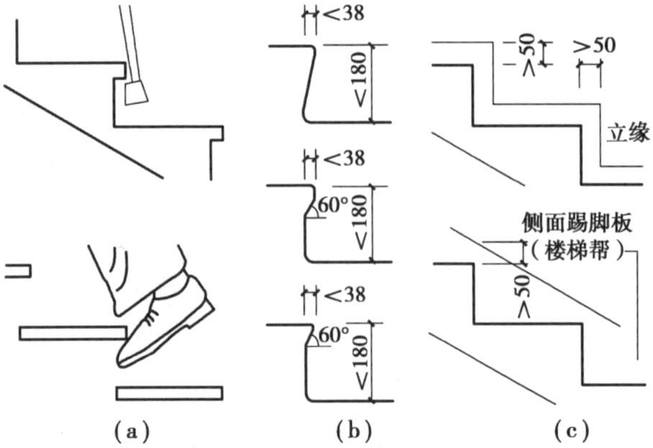

图 4-42　踏步的安全措施

(a)不可用,有直角凸缘或无踢面踏步对上行不利;

(b)可用,踏步线形应光滑流畅;

(c)可用,踏步凌空一侧应设立缘或踢脚板

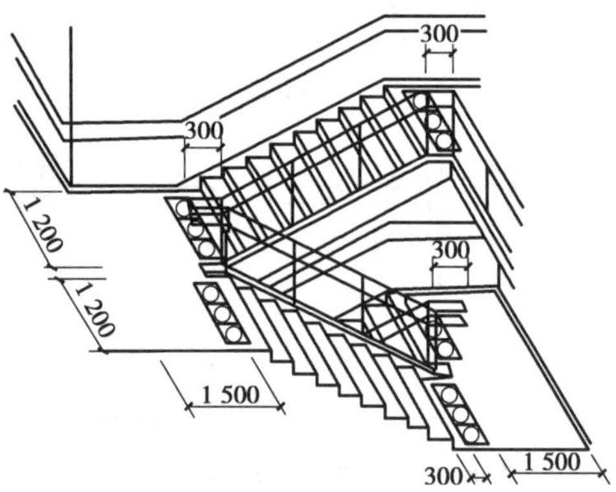

图 4-43　梯段、休息板宽度及水平扶手尺寸

(5)无障碍电梯、升降平台

无障碍电梯的候梯厅(图 4-44)深度宜大于或等于 1.50 m,公共建筑及设置病床电梯的候梯厅深度宜大于或等于 1.80 m;呼叫按钮高度为 0.90 ~ 1.10 m;电梯出入口设提示盲道,门洞口净宽大于或等于 900 mm。

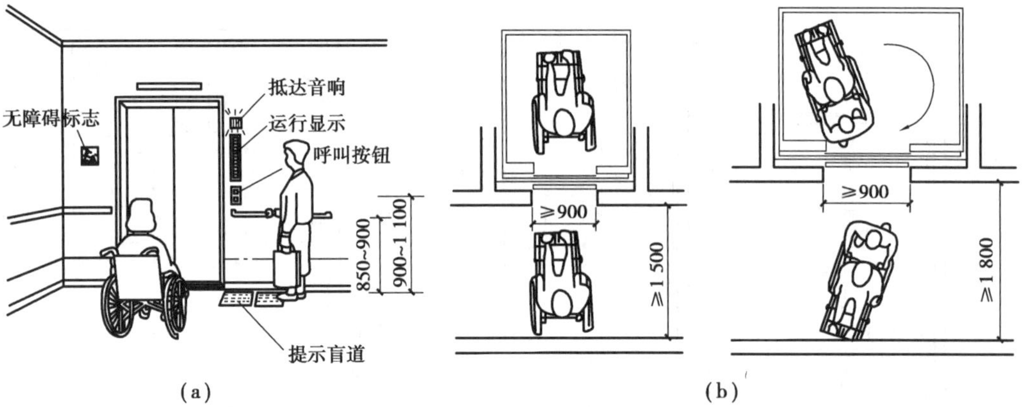

图 4-44　障碍电梯的候梯厅

(a)候梯厅无障碍设施;(b)公共建筑及设置病床电梯的候梯厅

无障碍电梯(图 4-45)的轿厢门开启净宽大于或等于 800 mm,轿厢最小规格大于或等于 1.40 m×1.10 m,中型规格大于或等于 1.60 m×1.40 m,医疗建筑与老年人建筑宜选用病床专用电梯。

升降平台只适用于场地有限的改造工程。处置升降平台深度大于或等于 1.20 m,宽度大于或等于 0.90 m;斜向升降平台深度大于或等于 1.00 m,宽度大于或等于 0.90 m;应设扶手、挡板、控制按钮等;垂直升降平台的基坑和传送装置应有安全防护装置和措施,如图 4-46 所示。

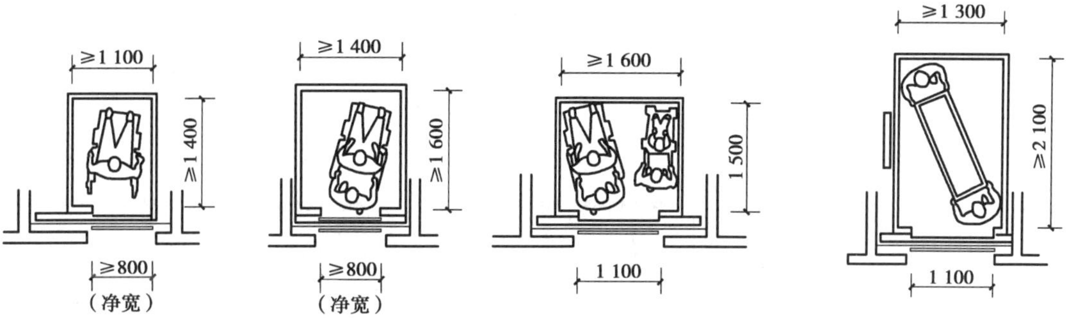

图 4-45　无障碍电梯

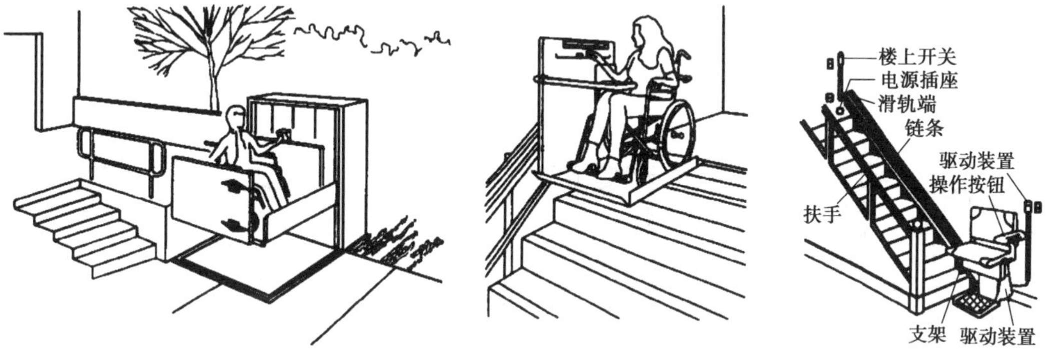

(a)　(b)　(c)

图 4-46　升降平台、升降座椅示意图

(a)垂直式升降平台示意图;(b)斜向式升降平台示意图;(c)升降座椅示意图

(6)无障碍厕所

厕所的合理设计与使用对老年人及残疾人至关重要,应严格依据残疾人的行为动作特征,遵循安全、适用、方便的原则,重视支持物的尺度、选材和构造设计,选择合适的卫生洁具及五金配件。

肢体残疾者使用卫生设备时,对支持物的设计要求是:整体性能良好,在支持体重的情况下,不出现意外的变化、位移或解体;位置、尺寸、构造和截面形状能充分发挥手或其他肢体的作用;偏瘫者有方向性,使用非对称布置支持物应有选择。图 4-47 所示为适用于各类残疾人的安全抓杆。

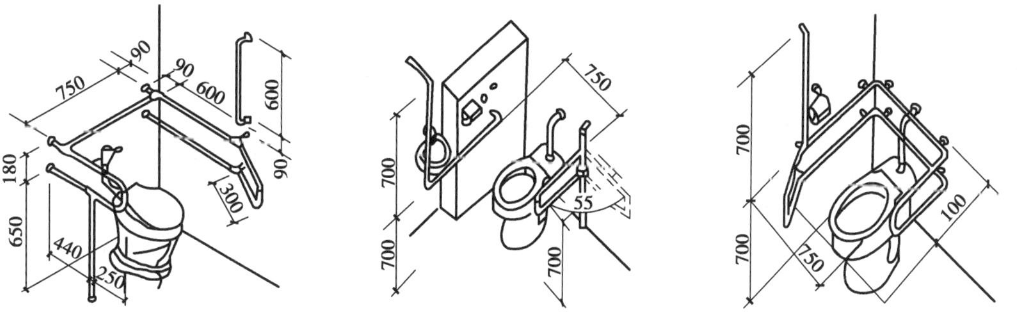

图 4-47　适用于各类残疾人的安全抓杆

公共厕所进行无障碍设计(图4-48)时,女厕所内应至少设置1个无障碍厕位、1个无障碍洗手盆;男厕所内应至少设置1个无障碍厕位、1个无障碍小便器、1个无障碍洗手盆。厕所内应设轮椅回转空间,厕所门开启的净宽大于或等于800 mm。

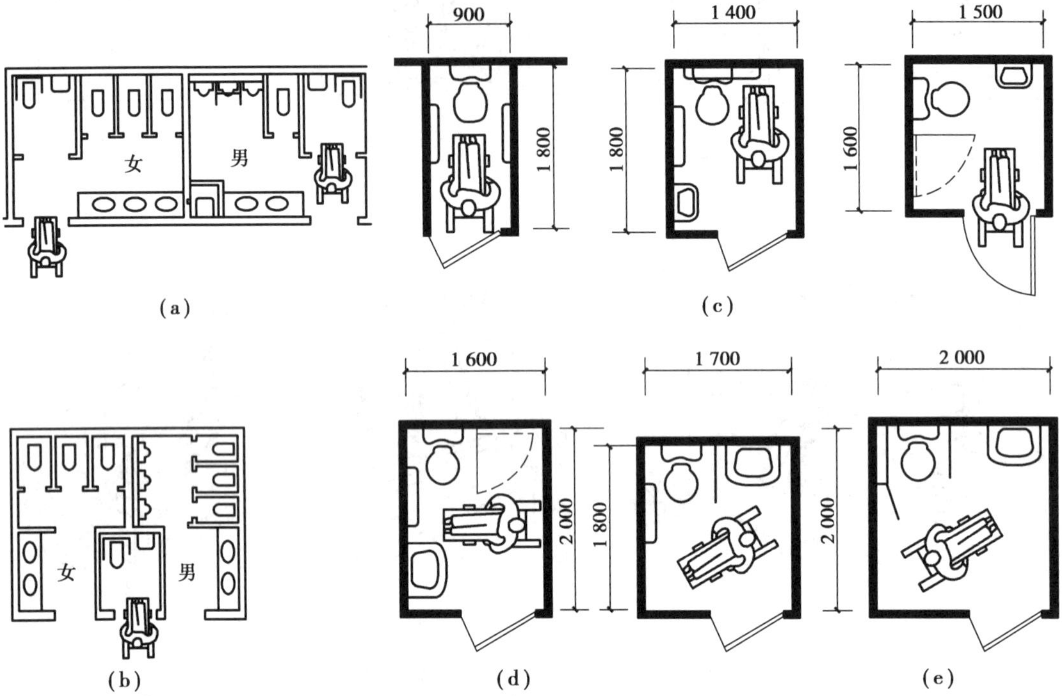

图4-48 残疾人使用的厕所类型

(a)结合型轮椅隔间厕所;(b)专用型厕所;(c)轮椅最小间及小型间厕所

(d)轮椅标准间厕所(可旋转900);(e)轮椅大型间厕所

无障碍厕位尺寸一般为2.00 m×1.50 m,不应小于1.80 m×1.00 m;门宜向外开启,如向内开启,需留有大于或等于1.50 m的轮椅回转空间。平开门外侧设高900 mm的横扶把手,内设高900 mm的关门拉手;无障碍厕所应设置坐便器、洗手盆、多功能台、挂衣钩和呼叫按钮,其面积应大于或等于4.00 m^2;多功能台长度大于或等于700 mm,宽度大于或等于400 mm,高度为600 mm;挂衣钩距地面大于或等于1.20 m;坐便器旁墙上距地面400~500 mm设呼叫按钮;取纸器在坐便器侧前方,高度为400~500 mm。

(7)无障碍标识系统

图4-49所示为残疾人国际通用标志。标志、标牌能够指引人们找到相关设施的重要信息,应安装在人们行走时需要做出决定的地方,并且标志、标牌的大小、位置要结合实际情况进行设计,楼层示意图应布置在建筑入口和电梯附近。图4-50所示为带指示方向和停车车位标志牌的一般形式。

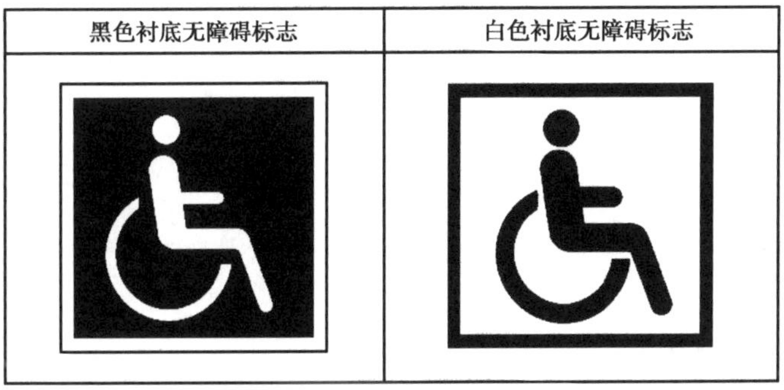

图 4-49　残疾人国际通用标志

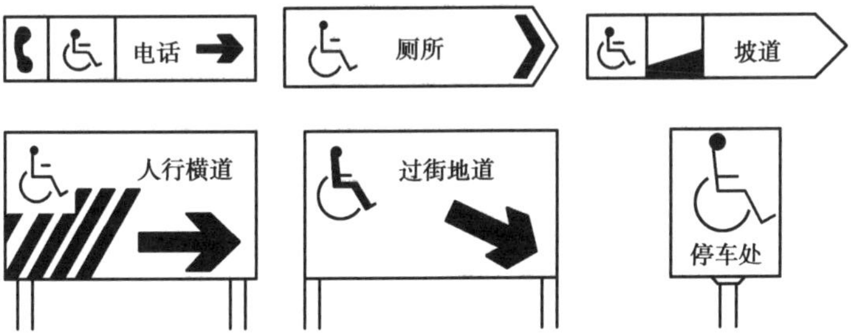

图 4-50　带指示方向和停车车位标志牌的一般形式

第 5 章 建筑剖面设计

5.1　房间剖面形状

房间的剖面形状分为矩形和非矩形两类。矩形剖面简单、规整,有利于家具设备的布置,便于竖向空间的组合,容易获得简洁而完整的体型。同时,矩形剖面结构简单,施工方便,故采用较多。非矩形剖面常用于有特殊要求的房间,或者因为结构形式不同而形成的房间。对于使用人数较少、面积较小的房间,一般以矩形为主;对于使用人数较多、面积较大且有视听要求的房间,可做成阶梯形或斜坡形。

房间的剖面形状主要是根据其使用功能和使用特点来确定的,同时,建筑材料、建筑结构、建筑施工以及建筑造型等对剖面形状的确定也有很大的影响。

5.1.1　使用要求对剖面的影响

民用建筑对剖面的使用要求,有些是一般要求,如住宅、学校、办公楼、商店等,矩形剖面完全能够满足这类房间的功能要求,能提供给房间内部水平的地面和顶棚;有些建筑对剖面有特殊的使用要求,如影剧院观众厅、阶梯报告厅、体育馆比赛厅等,这些都是有视听要求的房间,除应在平面形状、大小等方面满足视距、视角要求外,地面也要有一定的坡度,以保证获得舒适、无遮挡的视觉效果,天棚常做成直达声反射的折面,以利于获得满意的声场。

(1)视线要求

为满足有特殊视听要求的房间在视觉上的需要,地面应有一定的坡度。坡度的大小与设计视点的选择、座位的排列方式、排距、视线升高值等因素有关。设计视点是指在设计工程中,按设计要求所能看到的极限位置,以此作为视线设计的主要依据。各类建筑的功能不同,观看的对象不同,设计视点的位置选择也有所不同。如电影院定在银幕底边的中点,这样可保证观众看见银幕的全部;体育馆定在篮球场边线或边线上空 300 ~ 500 mm 处;阶梯教室定在讲台桌面上方,距地面 1 100 mm 左右。设计视点选择是否恰当,是衡量视觉质量好坏的重要标准,直接影响地面起坡的大小。设计视点越低,视觉范围越大,但地面升起的坡度也越大,反之,地面升起的坡度就越平缓。如图 5-1 所示为设计视点与地面起坡的关系。视线升高值 C 与人眼到头顶的高度及视觉标准有关，当座位对位排列（即后排人的视线擦过前排人的头顶而过）时，$C=120$ mm；当座位错位排列（即后排人的视线擦过前面隔一排人的头顶而过）时，$C=60$ mm。这两种座位排列方式均可保证视线无遮挡的要求，如图 5-2 所示。对位排列是逐排升高一级，C 值大，地面升起的坡度就大，错位排列是每两排升高一级；C 值小，地面升起的坡度就小。

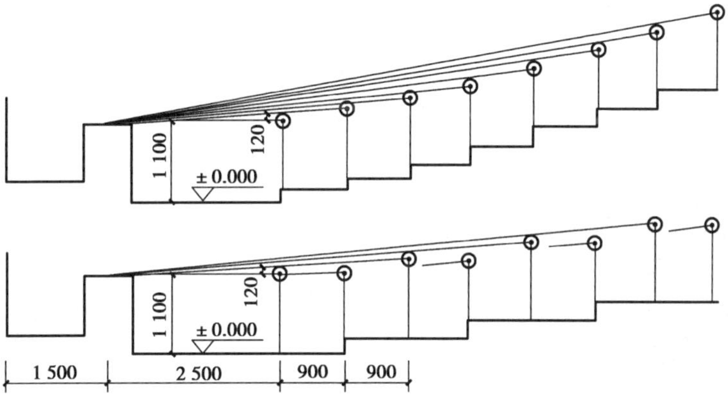

图 5-1　设计视点与地面起坡的关系

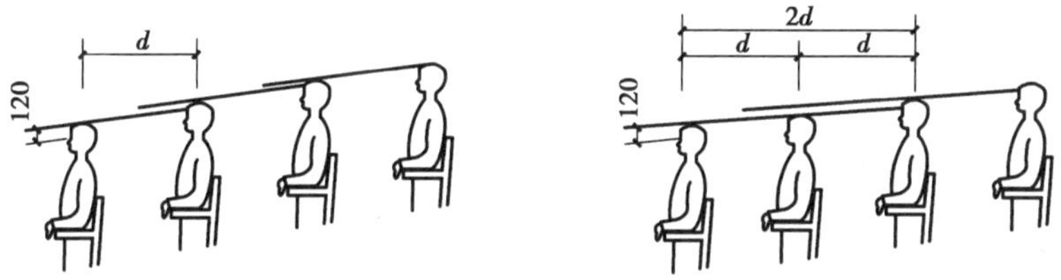

图 5-2　视觉标准与地面升起的关系

（2）听觉要求

对于影剧院、音乐厅、会堂等建筑来说，声学的要求非常重要。音质的优劣是观演类建筑好坏的根本标准，而房间的平面和剖面形状对室内声场的分布有很大的影响。为获得良好的声场，保证室内声场分布均匀，防止出现空白区、回声和聚焦等现象，要求观演类建筑的空间有一定的高度，在剖面设计时应注意顶棚、墙面和地面的处理。对于观演建筑来说，声学和视线的要求基本一致，通常按照视线要求设计的地面能够满足声学的要求，而顶棚的高度和形状是保证获得良好声场的一个重要条件，所以顶棚应根据声学要求来设计，以保证大厅各个座位都能获得均匀的反射声，并加强声压不足的部位。如图 5-3 所示为不同形状的顶棚对声音反射的影响。一般说来，凹面易产生聚焦，声场分布不均匀；凸面是声扩散面，不会产生聚焦，声场分布均匀。因此，大厅顶棚应尽量避免采用凹面或拱顶。

5.1.2　建筑结构、材料和施工对剖面的影响

房间的剖面形状除了要满足使用功能的要求外，还会受到结构选型、材料应用及施工技术的影响。矩形剖面具有形状规则、简单等优点，有利于钢筋混凝土梁板布置，同时施工方便，在建筑物跨度不大时采用较多；对于体育馆、展览馆等大跨度的建筑，则常采用网架、壳体、悬索等空间结构形式，形成特有的剖面形状（图 5-4）。不同的结构形式不仅能适应不同的功能要求，而且也会对内部空间的形态产生极大的影响。

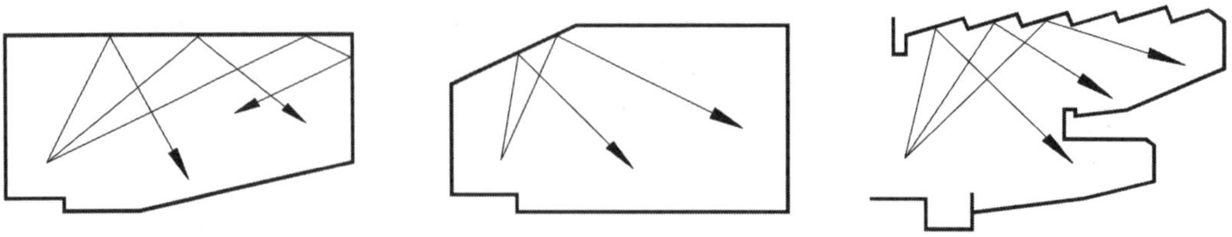

图 5-3　不同形状的顶棚对声音反射的影响

图 5-4　结构形式对剖面形状的影响

5.1.3　采光、通风对剖面的影响

房间采光应以自然光线为主。对一般进深不太大的房间,利用侧窗采光、通风已能满足使用要求;当房间进深太大或房间有特殊要求时,可在屋顶开设天窗来满足采光、通风的要求。由于天窗的种类不同,室内使用要求的差异,在剖面上也反映出不同的形状。有的房间虽然进深不大,但为了使室内照度均匀、稳定、柔和,并减轻或消除眩光的影响,避免直射阳光,也会设置各种形式的采光窗,如展览馆中的陈列室。如图 5-5 所示为不同采光方式对剖面形状的影响。室内进出风口在剖面上的位置与房间内的通风要求有关,大多数的民用建筑常利用空气的气压差来组织室内穿堂风。对于有特殊要求的房间或湿度较大、温度较高、烟尘较多的房间,还需要在屋顶开设排气窗,以天窗的形式增加空气压差,这种处理同样改变了房间的剖面形状(图 5-6)。

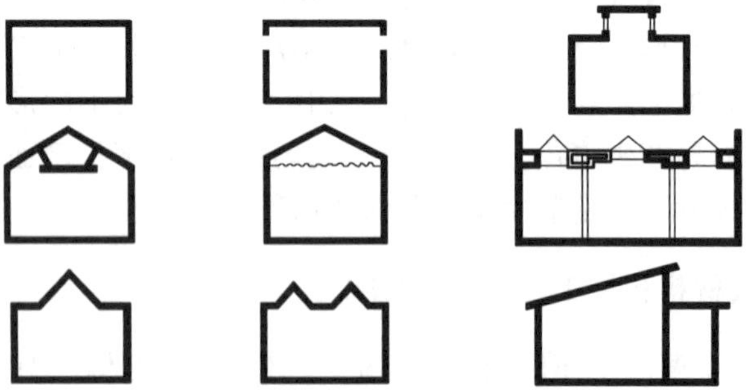

图 5-5　不同采光方式对剖面形状的影响

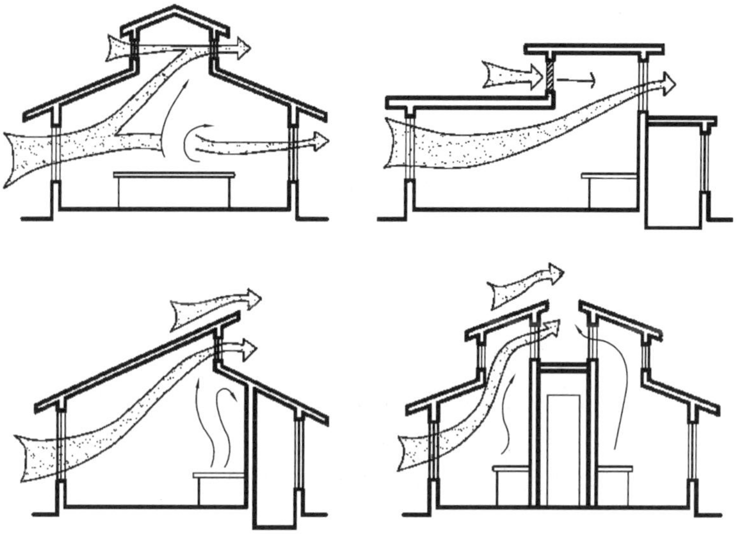

图 5-6　各种排气窗对房间剖面形状的影响

5.2　房间各部分高度的确定

5.2.1　房间的层高和净高

房间的层高是指该层楼地面到上一层楼地面之间的垂直距离。房间的净高是指楼地面到结构层(梁、板)底面或顶棚下表面之间的垂直距离(图 5-7)。房间内的空间高度恰当与否,直接影响使用和对空间的感受。确定房间高度主要从以下几方面考虑。

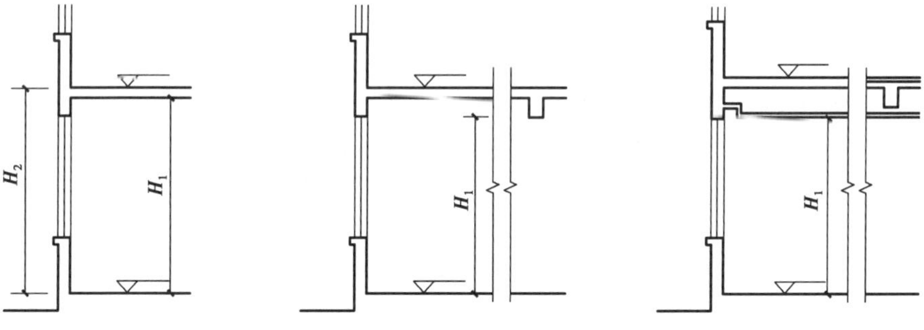

图 5-7　净高(H_1)与层高(H_2)

(1)人体活动及家具设备的使用要求

房间的净高与人体活动尺度有关,一般情况下,室内最小净高应使人举手接触不到顶棚为宜,即不小于 2 200 mm(图 5-8)。

不同类型的房间由于使用性质和活动特点、使用人数及房间面积大小不同,对净高的要求也不同。卧室使用人数少,面积不大,无特殊要求,故净高较低,常取 2 800 ~ 3 000 mm;教室使用人数多,面积相应增大,净高宜高一些,常取 3 300 ~ 3 600 mm;对于商店营业厅、影剧院观众厅、体育比赛大厅等公共建筑,空间更大、使用人数更多,其净高要适当提高,以满足各方面的要求。如大型商场营业厅的底层层高可取 4 200 ~ 6 000 mm,二层层高适当降低,取 3 600 ~5 100 mm。

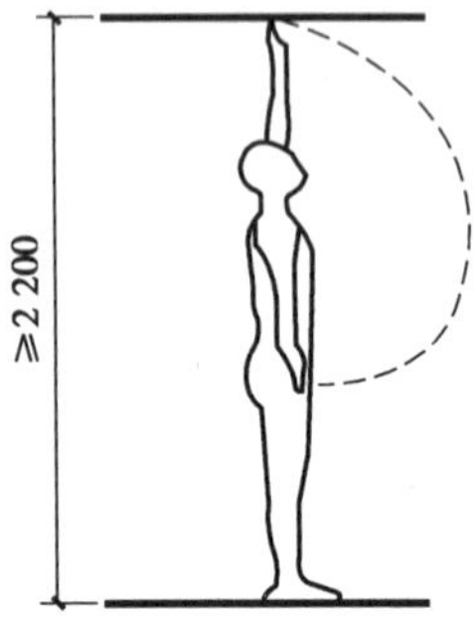

图 5-8　房间最小净高

除此以外,房间里的家具设备及人们使用家具设备所必需的空间,也直接影响房间的净高和层高。如图 5-9 所示为家具设备和使用活动要求对房间高度的影响。如学生宿舍通常设有双层床,考虑床的尺寸及必要的使用空间,净高应比一般住宅适当提高,结合楼板层厚度考虑,层高不宜小于 3.2 m,如图 5-9(a)所示;演播室顶棚下装有若干灯具,要求距顶棚有足够的高度,同时为避免灯光直接投射到演讲人的视野范围内而引起严重眩光,灯光源距演讲人头顶至少有 2 000 mm 的距离,这样,演播室的净高不应小于 4 500 mm,如图 5-9(b)所示;游泳馆比赛大厅,房间净高应考虑跳水台的高度、跳水台至顶棚的最小高度,如图 5-9(c)所示;医院手术室净高应考虑手术台、无影灯以及手术操作所必需的空间,如图 5-9(d)所示。

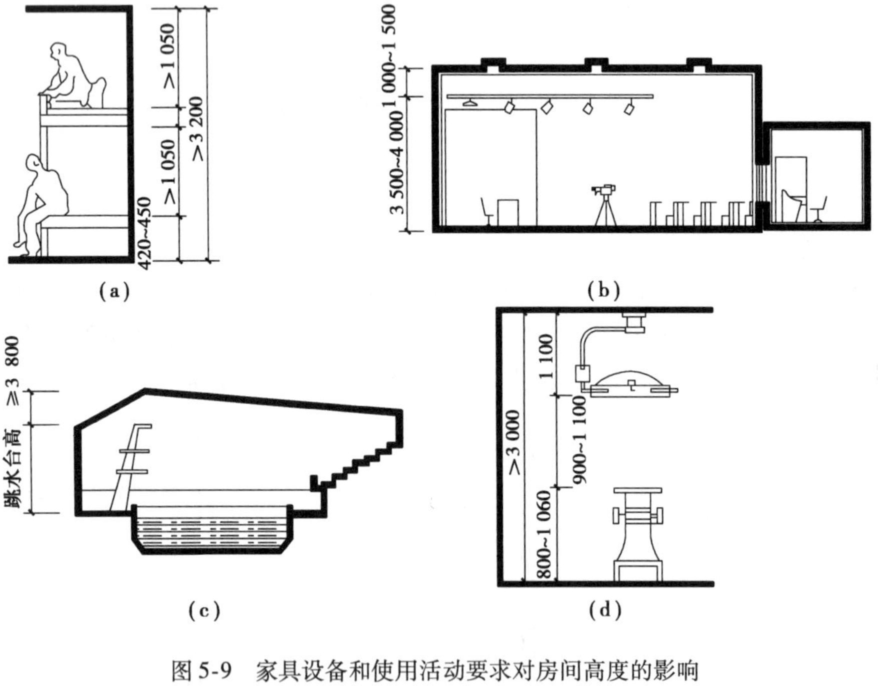

图 5-9　家具设备和使用活动要求对房间高度的影响

(a)宿舍;(b)中学演播室;(c)游泳馆;(d)手术室

(2)采光要求

房间的高度应有利于天然采光和自然通风,以保证房间内必要的学习、生活和卫生条件。采光一般以自然光线为主。室内光线的强弱和照度是否均匀与窗的宽度、位置和高度有关。一般来讲,房间层高越大,窗口上沿越高,光线照射深度越远。所以,进深大的房间或要求光线照射深度远的房间,层高应大些。单面采光时,窗的上沿离地面的高度应大于房间进深长度的一半,如图 5-10(a)所示;双面采光时,窗的上沿离地面的高度应大于或等于房间深度的 1/4,如图 5-10(d)所示。

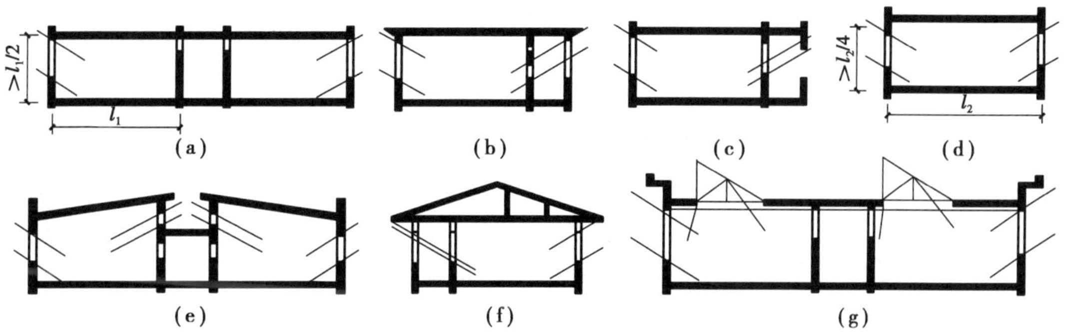

图 5-10　学校教室的采光方式

(a),(b)内廊式组合的单侧窗采光;(c)外廊式组合的双侧窗采光;(d)双侧窗采光;
(e)中廊式组合顶层房间的双侧窗采光;(f),(g)内廊式组合顶层房间的单侧窗及顶部采光

(3)结构高度及其布置方式的要求

结构层高度主要指楼板、屋面板、梁和各种屋架所占的高度。层高一般等于净高加上结构层高度(有吊顶除外)。因此,在确定房间层高时,不仅要考虑人体活动等净高要求,还应考虑结构层的高度。层高相同时,结构层所占用的高度越大,房间的净高就越小。一般开间进深小的房间,利用墙体承重,楼板直接搭在承重墙上,结构层所占的高度较小,如图 5-11(a)所示;开间进深较大的房间,常常要在室内布置梁,采用梁板布置方式,结构层所占高度较大,如图 5-11(b)所示。

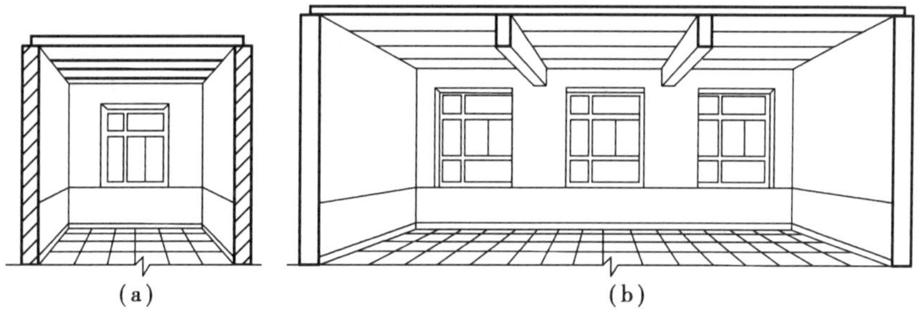

图 5-11　梁板结构层高度对房间层高的影响

(4)建筑经济效果

层高是影响建筑造价的一个重要因素。在满足使用功能要求的条件下,为了力求节约,应尽可能地降低层高。降低层高,可以减少墙体等建筑材料用量,减轻房屋自重,改善结构受力状况。同时,降低层高又能缩小房屋间距,从而节约用地。在严寒地区和炎热地区降低层高,也能减少采暖、空调费用。

(5)室内空间比例

在确定房间净高时,还应注意室内的高度与宽度之间应有适当的比例关系。一般来说,面积大的房间高度要高一些,面积小的房间则可适当降低高度。人们经常活动在室内,不同的房间其比例关系往往给人不同的感受。如高而窄的房间使人产生兴奋、激昂、向上的情绪,且具有严肃感,但过高就会让人觉得局促、不安;宽而矮的房间使人感觉宁静、开阔、亲切,但过低会给人压抑、沉闷的感觉。一般来说,比例较合适的宽和高的空间,将分别给人以亲切、开阔、舒展和兴奋、激昂、向上的感觉。在确定房间净高时,应结合使用功能要求,创造出令人感觉舒适的空间环境。一般民用建筑的空间比例,高宽比在 1∶3 ~1∶1.5 较为适宜。

5.2.2 窗台高度

窗台的高度主要根据室内的使用要求、人体尺度和家具设备的高度等来确定。确定窗台的高度应以方便人们工作、学习,保证书桌上有充足的光线为前提和标准,一般窗台的高度取 900 ~1 000 mm,书桌的高度一般为 800 mm 左右,这样窗台高出桌面 100 ~200 mm,既保证了桌面的照度,又避免桌上的纸张被风吹出窗外,如图5-12(a)所示。

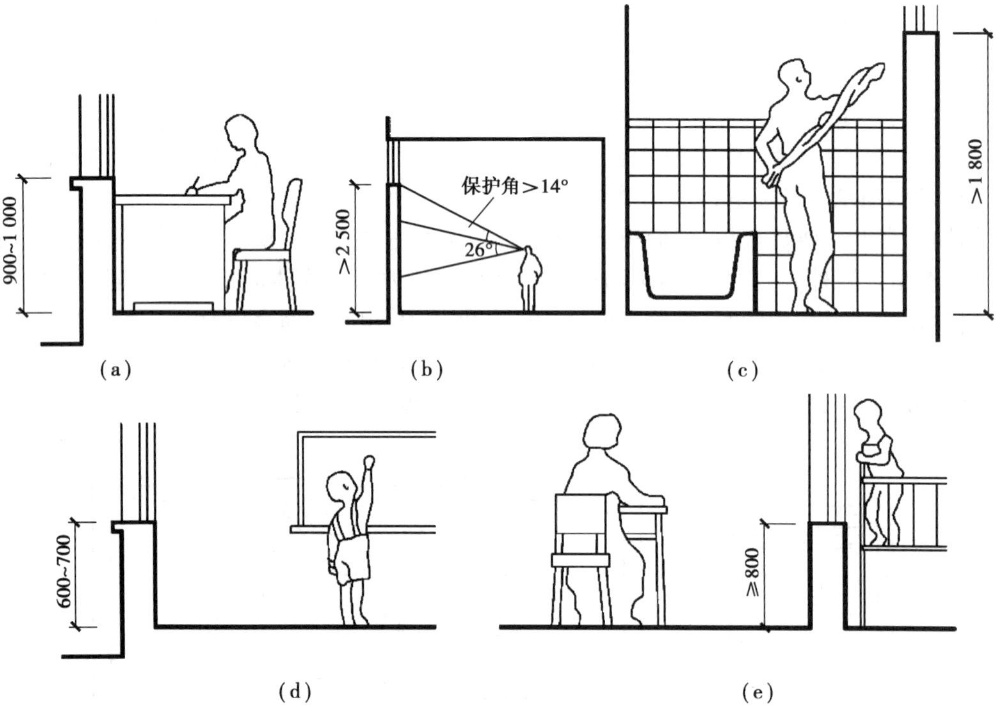

图 5-12 窗台高度

(a)一般民用建筑;(b)展览馆陈列室;(c)卫生间;(d)托儿所、幼儿园;(e)儿童病房

对于有特殊要求的房间,如展览馆中的陈列室,为沿墙布置展板,消除或减少眩光,常设置高侧窗,并根据窗台到陈列品的距离要有至少 14°的保护角,故把窗台设高些,窗台的高度一般为 2 500 mm 以上,如图 5-12(b)所示;浴室、厕所的窗台可提高到 1 800 mm,如图 5-12(c)所示;幼儿园建筑结合儿童尺度,活动室的窗台高度较一般民用建筑低一些,常采用 600 ~700 mm,如图 5-12(d)所示;儿童病房为方便护士照顾病儿,窗台高度也应设置低些,如图 5-12(e)所示。

另外,某些公共建筑的房间如餐厅、休息室、娱乐活动场所,以及疗养院建筑和风景区的一些建筑物,为使室内阳光充足或便于观赏室外景色,丰富室内空间,常常降低窗台高度或做落地窗。当采用落地窗时,必须做好安全防护措施。

5.2.3 室内外高差

一般民用建筑为了防止室外雨水倒流入室内,并防止墙身受潮,底层室内地面要高出室外地面，形成室内外地面高差。该高差主要受以下几个因素的影响：

(1)内外联系方便

建筑物室内外高差应方便联系，对于一般的住宅、商店等建筑更是如此。室内外高差以不超过600 mm，即不超过四级台阶为宜；对于仓库、工业建筑，因常有车辆出入，为便于运输，故入口处常设坡道，且高差不宜超过300 mm，这样不会由于坡道过长而影响室外道路布置。

(2)防水、防潮要求

为了防止室外雨水流入室内，防止墙身受潮，室内外地面应有一定的高差，一般要求为300~600 mm。对于地下水位较高或降雨量较大的地区以及防潮要求较高的建筑物，应当适当提高室内地坪高度，防止室内过潮。

(3)地形及环境条件

位于山地和坡地的建筑，应结合地形、地貌等因素，综合确定底层地面标高，使其既方便内外联系，又有利于室外排水和减少土石方工程量。

(4)建筑物性格特征

一般的民用建筑如住宅、旅馆、学校、办公楼等，是人们工作、学习和生活的场所，应具有亲切、平易近人的感觉，因此室内外高差不宜过大；而一些重要的建筑或纪念性建筑，通常则要加大室内外高差，采用较高的台基或较多的踏步，来烘托严肃、庄重的气氛。

5.3　建筑的层数

影响建筑层数的因素很多，主要有建筑物的使用要求、基地环境和城市规划的要求、选用的结构类型、施工材料和技术要求、建筑防火的要求和经济性要求等。

(1)建筑的使用要求

由于建筑用途不同，使用对象不同，对建筑的层数有不同的要求。如幼儿园，为了使用安全和便于儿童与室外活动场地的联系，其层数不宜超过3层；医院门诊部层数宜建3~4层；影剧院、体育馆、车站等建筑，由于使用人流量较大，为了便于迅速、安全疏散，也应以单层或低层为主。对于大量建设的住宅、办公楼、旅馆等建筑一般可建成多层或高层。

(2)建筑基地环境和城市规划的要求

在建筑用地面积较小的情况下，为了达到一定的总建筑面积，就需要增加房屋的层数；地势变化陡，从减少土石方、布置灵活的角度考虑，建筑物的开间、进深不宜过大，因而建筑物的层数可相应增加。

从改善城市面貌和节约用地的角度考虑，城市规划常对城市内各地段的新建房屋明确规定建造的层数和建筑高度。城市航空港附近的一定地区，从飞行安全考虑，也对新建房屋层数和总高度有所限制。位于城市街道两侧、广场周围等的建筑，必须重视建筑与环境的关系，做到与周围建筑物、道路绿化等协调一致。而风景园林应以自然环境为主，充分借助大自然的美来丰富建筑空间，并通过建筑处理使风景增色，因此宜采用小巧、低层的建筑群。如苏州怡园，采用分散低层的建筑布局，使建筑与景色融为一体。

(3)结构体系、材料和施工技术的要求

建筑物建造时所采用的结构体系和材料不同，允许建造的建筑层数也不同，见表5-1。如混合结构，墙体多采用砖砌筑，自重大、整体性差，且随层数增加，下部墙体越来越厚，既费材料又减少使用面积，因此常用于建造低层和多层民用建筑，如多层住宅、中小学教学楼、中小型办公楼等。钢筋混凝土框架结构、剪力墙结构、框架—剪力墙结构及简体结构则可用于建多层或高层建筑，如住宅、办公楼等。空间结构体系，如薄壳、网架、悬索等结构则适用于低层大跨度建筑，如影剧院、体育馆、仓库等。

表 5-1　各种结构体系的适用层数

结构体系	层数	结构体系	层数
混合结构	6	框—筒结构	55
框架结构	20	筒中筒结构	65
剪力墙结构	35	群筒结构	75
框—剪结构	50	带有内部剪力墙的框架式筒体	90

(4)建筑防火要求

按照《建筑设计防火规范》(GB 50016—2014)规定，建筑层数应根据建筑的性质和耐火等级来确定。当耐火等级为一、二级时，层数原则上不做限制；耐火等级为三级时，最多允许建 5 层；耐火等级为四级时，仅允许建 2 层。

(5)建筑经济的要求

大量性建筑的房屋，在一定范围内适当增加房屋层数，可以降低住宅的造价。如图 5-13 为某地区一般砖混结构住宅层数和造价关系的比值，可见层数为 5、6 层时比较经济。

此外，建筑层数与节约土地关系密切。在建筑群体设计中，单体建筑的层数越多，用地越经济。把一幢 5 层住宅和 5 幢单层平房相比较，在保证日照间距的条件下，用地面积要相差 2 倍左右，如图 5-14 所示，同时，道路和室外管线设置也都相应减少。

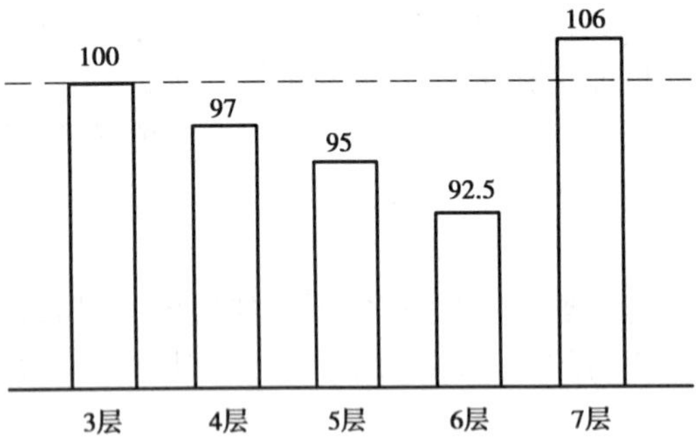

图 5-13　住宅造价与层数关系示意

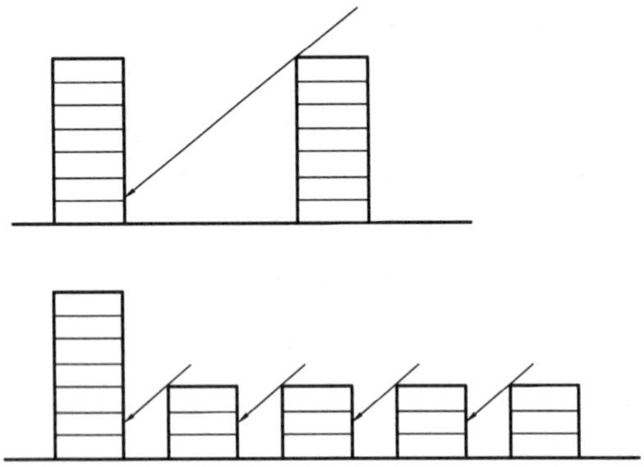

图 5-14　单层与多层房屋用地比较

5.4　建筑空间的组合和利用

5.4.1　建筑空间的组合

建筑剖面组合设计是在平面组合的基础上进行的，根据基地环境等条件，将不同形状、大小、高低的空间组合起来,使之成为使用方便、结构合理、空间有效利用、体型简单的整体。

(1)组合设计的原则

剖面组合设计主要由建筑物中各类房间和剖面形状、建筑功能和房屋的使用要求及结构布置特点等因素决定。一般情况下可以将使用性质相似、高度相同的部分放在同一层内;将对外联系较密切、人员出入多或室内有大型设备的房间放在底层;将对外联系不多、人员出入少、要求安静的房间放在上部;空旷的大空间尽量设在建筑顶层,避免放在底层形成“下柔上刚”的结构或是放在中间层造成结构刚度的突变。此外,利用楼梯等垂直交通枢纽或过厅、连廊等来连接不同层高或不同高度的建筑段落,既可以解决垂直的交通联系,又可以丰富建筑体型。如图 5-15 所示为大小、高低不同的空间组合。

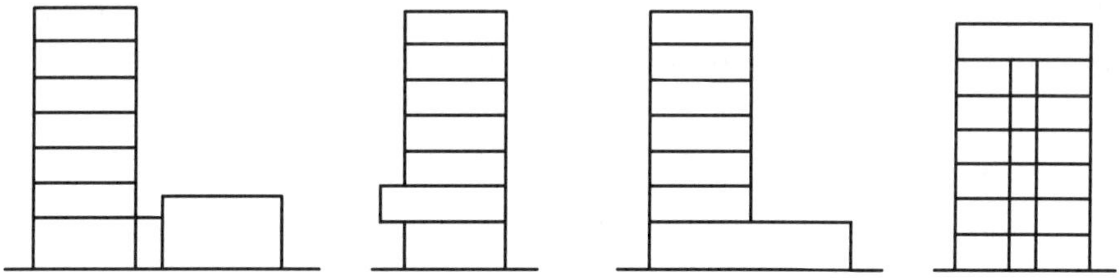

(a)　(b)　(c)　(d)

图 5-15　大小、高低不同的空间组合

(a)大空间做附楼;(b)大小空间上下叠合;(c)大空间在一、二层;(d)大空间在顶层

(2)组合方法

1)高度相同或接近的房间组合

这类组合常采用走道式或单元式的组合方式,如住宅、医院、办公楼等。在组合过程中,尽可能统一房间的高度。有的建筑由于使用要求或房间大小不同,出现了高低差别。如学校中的教室和办公室,可将它们分别集中布置,以小空间为主,灵活布置大空间,采取不同的层高,以楼梯或踏步来解决两部分空间的垂直交通联系(图 5-16)。

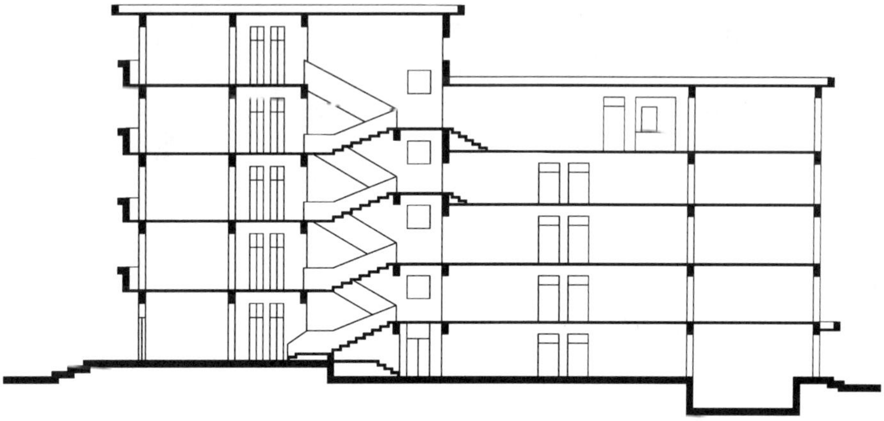

图 5-16　教学楼不同层高的剖面处理

2)高度相差较大房间的组合

高度相差较大的房间,可以把少量面积较大、层高较高的房间设置在底层、顶层或作为单独部分(裙房)附设于主体建筑。具体措施可采取以大空间为主穿插布置小空间、以小空间为主灵活布置大空间和综合性空间组合。

①以大空间为主穿插布置小空间。如影剧院、体育馆等有一个空间是建筑主要功能所在，其面积和高度都比其他房间大得多。空间组合常以观众厅和比赛大厅等大空间为中心，根据看台升起的剖面特点，在看台以下和大厅四周布置小空间。这种组合方式应处理好各部分房间的地坪标高和室内净高，合理解决房间采光、通风及厅内人流交通疏散问题和各个房间的交通联系。

②以小空间为主灵活布置大空间。某些建筑如教学楼、办公楼、旅馆、临街带商铺的住宅等，虽然构成建筑的绝大部分房间为小空间，但由于功能要求还需要布置少量大空间，这类建筑在空间组合中常以小空间为主形成主体，将大空间附建于主体建筑旁。

③综合性空间组合。有的建筑由若干大小、高低不同的空间组合起来形成多种空间的组合形式，其空间的组合不能仅局限于一种方式，必须根据使用要求，采用与之相适应的多种组合方式。如文化宫建筑中既有较大空间的电影厅、餐厅、健身房等，又有阅览室、门厅、办公室等空间要求不同的房间。

3）错层的空间组合

当建筑物内部出现高差，或由于地形的变化使房间几部分空间的楼地面出现高低错落现象时可采用错层的处理方式使空间取得和谐统一。

①以踏步或楼梯联系各层楼地面以解决错层问题。通过调整梯段踏步的数量，使楼梯平台与错层楼地面标高一致。这种方法能够较好地结合地形建造住宅、宿舍、别墅等建筑类型，灵活地解决纵横的错层高差。

②以室外台阶解决错层。图 5-17 所示为以垂直等高线布置的住宅建筑，各单元垂直错落，错层高差为一层，均由室外台阶到达楼梯间。这种错层方式比较自由，可以随地形变化灵活地进行布置。

图 5-17　山地的住宅建筑

图 5-18　台阶式建筑

4）台阶式空间组合

这种组合方式的特点是建筑由下至上形成内收的剖面形式，从而为人们提供了进行户外活动及绿化布置的露天平台。此种建筑形式可采用竖向叠层、向上内收、垂直绿化等手法丰富建筑外观形象（图 5-18）。

5.4.2　建筑空间的利用

充分利用建筑物内部的空间，实际上是在建筑占地面积和平面布置基本不变的情况下，起到了扩大使用面积、节约投资的效果。同时，如果处理得当还可以改善室内空间比例，丰富室内空间，增强艺术感。

(1)夹层空间的利用

一些公共建筑,由于功能要求其主体空间与辅助空间在面积和层高上大小不一致,如体育馆比赛大厅、图书馆阅览室、宾馆大厅等,常采用在大厅周围布置夹层空间的方式,以达到充分利用室内空间及丰富室内空间效果的目的(图5-19)。

图5-19　夹层空间的利用

(2)房间内的空间利用

在人们室内活动和家具设备布置等必需的空间范围以外,可以充分利用房间内其余部分的空间,如住宅卧室中的悬挑搁板、厨房中的搁板和储物柜等储藏空间(图5-20)。

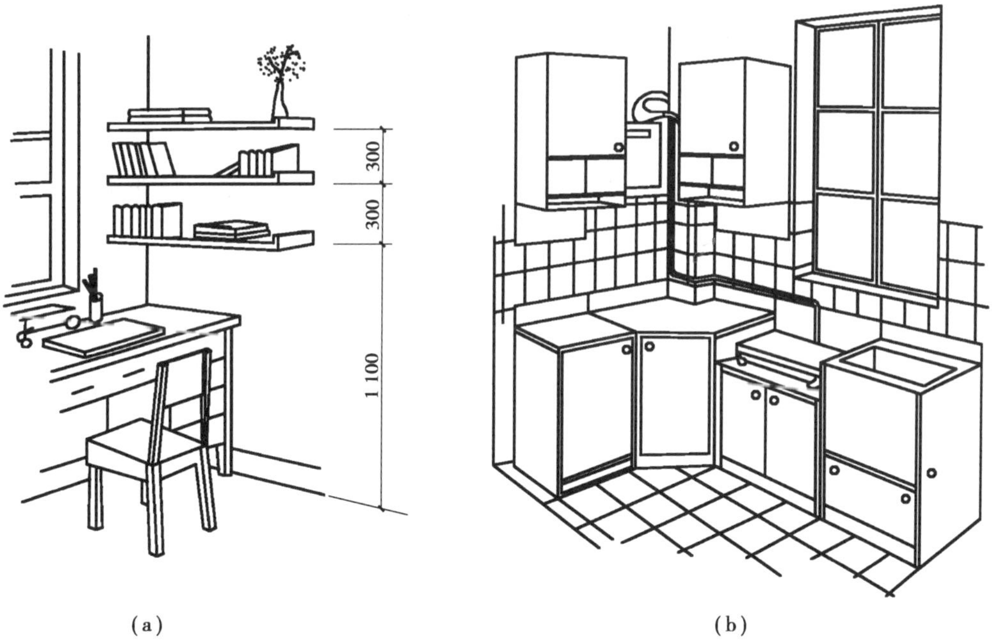

图5-20　住宅内空间的利用

(a)居室设悬挑搁板;(b)厨房设吊柜

(3)走道及楼梯间的空间利用

由于建筑物整体结构布置的需要,建筑中的走道通常和层高较高的房间高度相同,这时走道顶部,可以作为设置通风、照明设备和铺设管道的空间。一般建筑中,楼梯间的底部和顶部,通常都有可以利用的空间,当楼梯间底层平台下不做出入口用时,平台以下的空间可做储藏或厕所的辅助房间；楼梯顶层平台以上的空间高度较大时，也能用作储藏室等辅助房间，但必须增设一个梯段，以通往楼梯间顶部的小房间（图 5-21）。

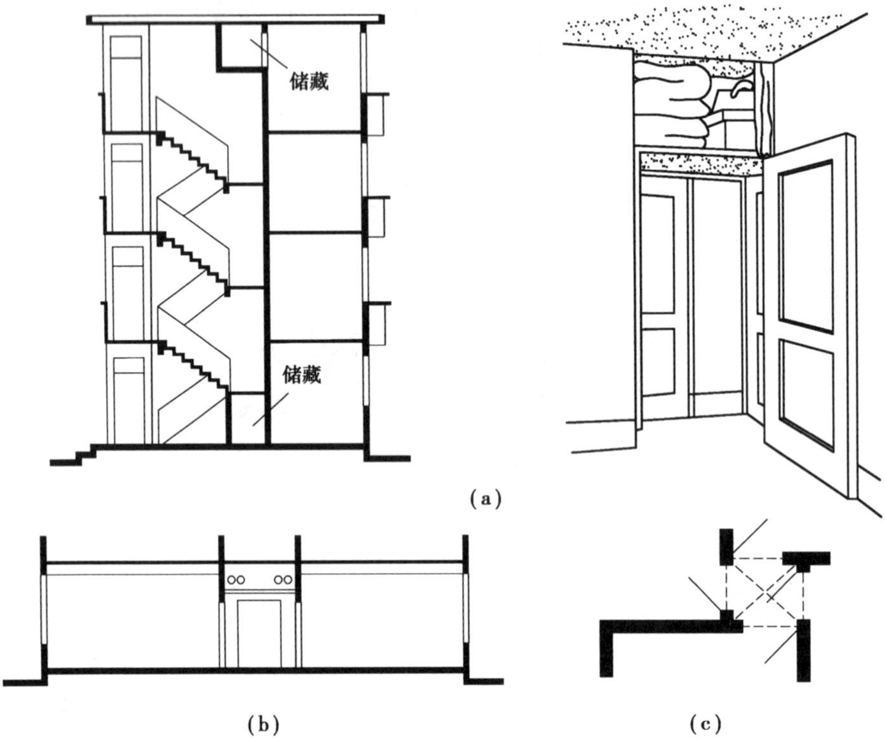

图 5-21　走道及楼梯间空间的利用

(a)楼梯间上下空间用作储藏室；(b)走廊上空用作技术层；(c)住宅上空做吊顶

第 6 章
民用建筑构造概述

6.1 建筑物的构造组成和作用

一栋建筑物一般由基础、墙体（柱）、楼板层和地坪层（楼地层）、楼梯、屋顶、门窗等六大主要部分，散水、明沟、女儿墙、雨篷、阳台等其他次要部分组成，如图 6-1 所示。它们在建筑物不同部位充当着各自不同的作用。

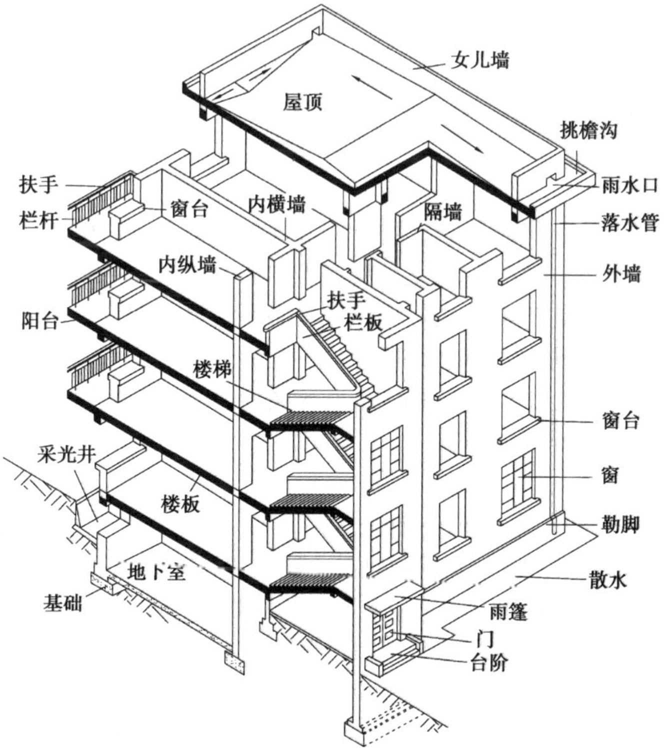

图 6-1　建筑物的构造组成

6.1.1 基础

基础是建筑底部与地基直接接触的垂直承重构件，一般埋在自然地面以下，它承受着建筑物上部的全部荷载，并把这些荷载连同自重传给地基。因此，基础必须有足够的刚度、强度和稳定性，并能抵御外界各种有害环境的作用。

6.1.2 墙体(柱)

墙(柱)是建筑物的承重和围护构件。作为承重构件，承受着建筑物屋顶或楼板层传来的荷载，并将这些荷载连同自重传给基础；作为围护构件，外墙起着抵御自然界各种环境对室内的危害的作用，使建筑物室内具有良好的生活和工作环境；内墙起着分隔空间和保证舒适环境的作用。在框架或排架结构中，柱起承重作用，墙只起围护作用。墙体要有足够的强度和稳定性，具有保温、隔热、隔声、防火、防水的能力。墙体的种类较多，有单一材料的墙体，有复合材料的墙体。综合考虑围护、承重、节能、美观等因素，设计合理的墙体方案，是建筑构造的重要任务。

6.1.3 楼地层

楼地层是指楼板层和地坪层。建筑的使用面积主要体现在楼地层上，地坪层是底层房间与地基土层相接的构件，由面层、垫层和基层组成，承受底层房间的荷载并将这些荷载连同自重传给其下面的土层，地坪层应具有坚固耐磨、防潮、防水和保温等作用。

楼板层是水平方向上的承重构件，并用来分隔楼层间的空间。它承受楼板上的人和家具设备的荷载，并将这些荷载连同自重传给墙或柱，同时还对墙身起水平支撑作用。因此作为楼板层，要具有足够的强度和刚度，同时还要求具有隔声、防火、防潮、防水的能力。

6.1.4 楼梯

楼梯是建筑物楼层间的重要垂直交通构件，供人们日常上下楼层和紧急情况下的安全疏散。楼梯有主楼梯、次楼梯、室内楼梯、室外楼梯等，形式多样，功能不一。有些建筑物因为交通或舒适的需要安装了电梯或自动扶梯，但同时也必须设楼梯用作交通和防火疏散通路。楼梯应该有足够的通行能力，并防滑、防火，能保证安全使用。

楼梯是建筑构造的重点和难点，楼梯构造设计灵活，知识综合性强，在建筑设计及构造设计中应予高度重视。

6.1.5 屋顶

屋顶是建筑物顶部的具有承重和围护双重功能的覆盖构件。有平屋顶、坡屋顶和其他形式的屋顶。屋顶能抵抗风、雨、雪等侵蚀和太阳辐射的影响，又能承受施工和维修等屋顶荷载，并将这些荷载连同自重传给墙体或柱体。因此，屋顶应有足够的强度、刚度及防水、保温、隔热等性能。

由于受阳光照射的角度不同，屋顶的保温、隔热、防水要求比外墙更高。屋顶有不同程度的上人需求，有些屋顶还有绿化的要求。屋顶檐口可为人们仰视观赏，是设计者应下功夫推敲构图的地方。另外，根据区域与地方的风俗与传统，屋顶的形式、坡度、修葺材料也是多种多样的,也应予以重视。

6.1.6 门窗

门窗均属于非承重构件,也称配件。门主要有供人出入、内外交通和分隔房间等作用。窗的作用是采光通风,处在外墙上的门窗是围护结构的一部分,有着多重功能,要充分考虑采光、通风、保温、隔热等问题。

除了以上六大构造外,还有一些附属构造,如阳台、雨篷、台阶、烟囱等。组成建筑物的各部分构造起着不同的作用,但归根到底可以分为两类:承重构件和围护构件。墙、柱、基础、楼板等属于承重构件;墙、屋顶、门窗等属于围护构件。

6.2 建筑物结构的体系分析

建筑物只有正常工作才能为人们提供坚固、安全、舒适的室内环境。建筑物是一个复杂的大系统,除了需要选用合理的结构系统外,还需要设置给排水、照明等系统。

建筑结构系统可保证建筑物将各种使用荷载及自重有效地传递给支承建筑物的地基。不同的建筑空间需要设置不同的建筑结构系统,一般可分为以下四类。

6.2.1 墙承重结构体系

墙承重结构系统是以部分或全部建筑外墙以及若干个固定不变的建筑内墙作为垂直支撑系统的一种体系。根据建筑物的建造材料及高度、荷载等要求可分为砌体墙承重的结构系统和钢筋混凝土墙承重的结构系统。砌体墙承重主要用于低层和多层的建筑,钢筋混凝土墙承重主要用于各种高度的建筑,特别是高层建筑。墙承重结构系统的墙体布置一般可分为横墙承重、纵墙承重和纵横墙承重。无论哪种墙体布置形式,承重墙上不能留有过多的洞口,且承重墙体位置不得随意改动。墙承重结构中的墙既用来围护、分隔空间,又用来承担梁板所传递的荷载,如住宅、宿舍、办公楼等建筑,如图6-2所示。

6.2.2 框架结构体系

框架结构把承重结构和围护结构分开,选择强度高的材料作为承重骨架,再覆以围护结构,这样墙的设置比较自由灵活。框架结构中主要的承重构件是板、梁和柱,也可分为横向框架承重、纵向框架承重以及纵横向框架承重。另外,框架结构体系在墙面上开窗所受的限制也不像墙承重结构体系那样严格,如商场、医院等建筑,如图6-3所示。

6.2.3 空间结构体系

空间结构各向受力,可以较为充分地发挥材料的性能,因而结构自重小,是覆盖大体型空间的理想结构形式。空间结构体系可以跨越巨大的空间以适应某些特殊的功能要求。随着科学技术和建筑材料的发展,近年来已出现许多种新型的薄壁、高墙、大跨度空间结构,如钢筋混凝土壳体结构、悬索结构、网架结构等。体育馆、火车站等建筑的空间结构体系,如图6-4所示。

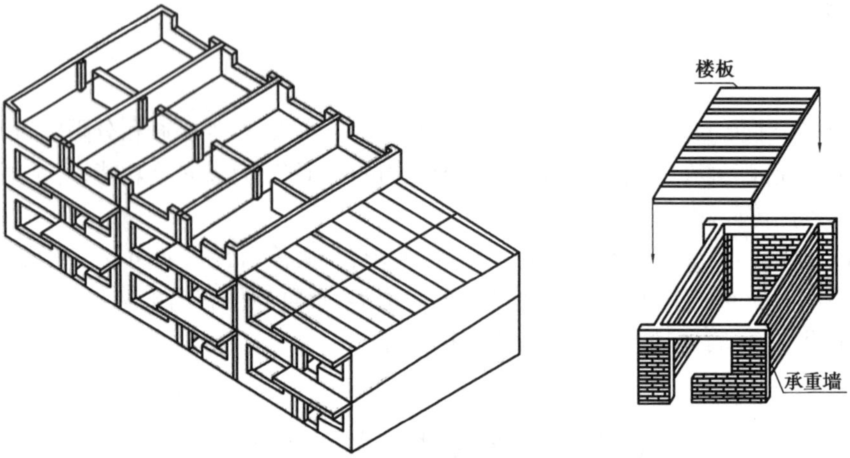

图 6-2　墙承重结构体系

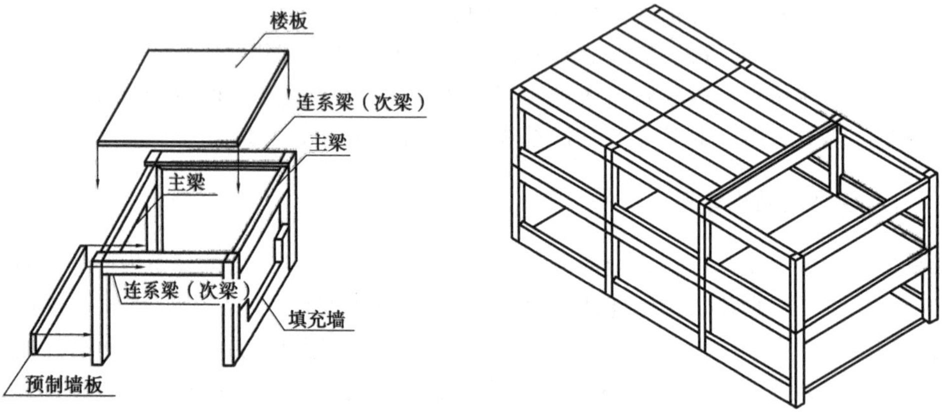

图 6-3　框架结构体系

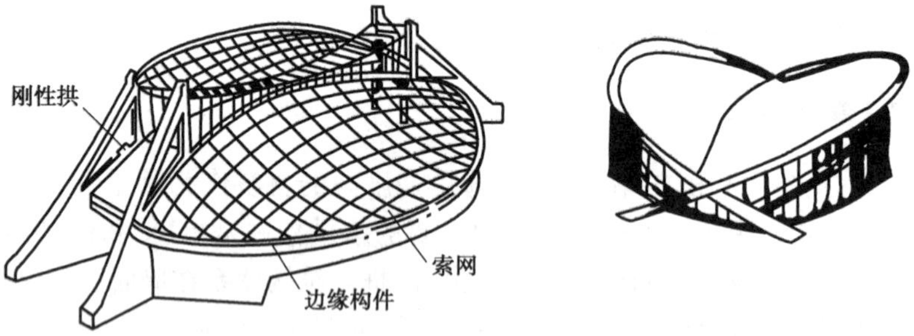

(a)　　(b)

图 6-4　空间结构体系

(a)两片刚性拱支撑屋面索网及其边缘构件;(b)两片交叉拱作为索网边缘构件

6.2.4　悬挑结构体系

悬挑结构利用极大的悬挑以覆盖空间,从而适应某些特殊的功能要求,如航空站、运动场看台等建筑的悬挑结构体系,如图 6-5 所示。

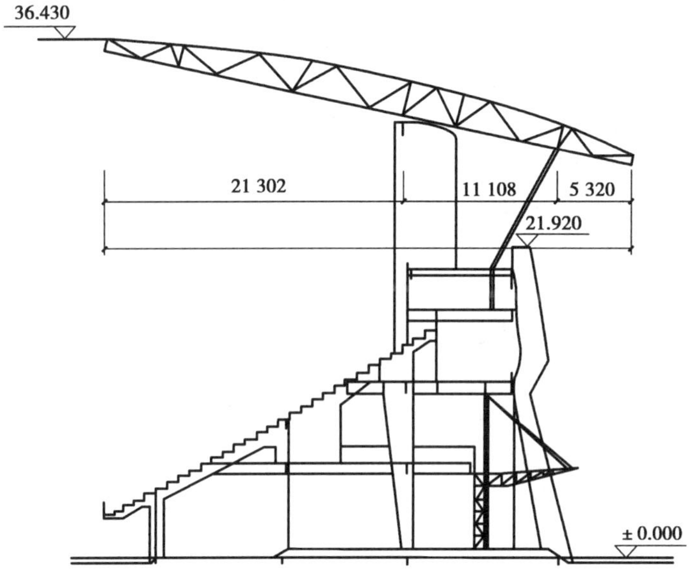

图6-5　悬挑结构体系

6.3　影响建筑构造的因素

建筑物处于自然环境和人为环境中,受到各种自然因素和人为因素的作用。为了提高建筑物的使用年限,在建筑物设计时要充分考虑各种因素。影响建筑构造的因素有很多,大体有如下几个方面:

(1)荷载因素的影响

作用在建筑物上的荷载有恒荷载(如结构自重等)和活荷载(如人群、家具使用荷载和雨雪荷载等)、垂直荷载和水平荷载(如地震作用、风荷载等),在确定建筑物构造方案时,必须考虑荷载因素的影响。

(2)环境因素的影响

环境因素包括自然因素和人为因素。地理位置及环境不同,气候条件有许多差异。自然因素的影响是指风吹、日晒、雨淋、积雪、冰冻、地下水、地震等因素给建筑物带来的影响。为了防止自然因素对建筑物的破坏,在进行构造设计时,必须采用相应的防潮、防水、保温、隔热、防温度变形、防震等构造措施。人为因素的影响是指火灾、噪声、化学腐蚀、机械摩擦与振动等因素对建筑物的影响。

在进行构造设计时,针对相应的荷载必须采用相应的防护措施,如防潮、防水、防声、隔热、防震等构造措施,以防止建筑物遭受损失。

(3)技术因素的影响

技术因素的影响是指建筑材料、建筑结构、建筑施工方法等技术条件对建筑物的设计与建造的影响。随着这些技术的发展与变化,建筑构造的做法也在改变。例如,随着建材工业的不断发展,越来越多的新型材料不断出现,而且产生了新的构造做法和相应的施工方法。作为脆性材料的玻璃,经过加工工艺的改良以及采用新型高分子材料作为胶合剂做成夹层玻璃,其安全性能和力学、机械性能等都得到大幅度的提高,不但使得可使用的单块块材面积有了较大幅度增长,而且使得连接工艺也大大简化。如采用玻璃做楼梯栏板的做法,过去一定要先安装金属立杆再通过这些杆件来固定玻璃,现在可以先安装玻璃栏板,再用玻璃栏板来固定金属扶手。结构体系的发展对建筑构造的影响更大。因此,建筑构造不能脱离一定的建筑技术条件而存在,它们之间的关系是互相促进、共同发展的。

(4)建筑标准的影响

建筑标准一般包括造价标准、装修标准、设备标准等方面。标准高的建筑耐久等级高,装修质量好,设备齐全,档次较高,但是造价也相对较高;反之则低。不难看出,建筑构造方案的选择与建筑标准密切相关。一般情况下,大量民用建筑多属于一般标准的建筑,构造做法也多为常规做法。而大型公共建筑,标准要求较高,构造做法复杂,对美观方面的考虑比较多。

(5)有关法律、法规及政策的影响

建筑类法规和规范是我国建筑领域常用的标准的表达形式。它是以建筑学、技术和实践经验综合成果为基础,经有关方面认定,由国务院有关部委批准颁发的全国建筑领域共同遵守的准则和依据,设计人员在设计过程中必须遵守其中的各种规范、标准和方针政策。

6.4 建筑构造设计的基本原则

建筑构造设计的原则,一般包括如下几个方面:

(1)满足建筑物的使用功能及变化的要求

满足使用者的要求,是建筑物建造的最初目的。建筑物的使用性质和所处环境对建筑构造的设计有着不同的要求。例如,北方地区要求建筑冬季保温、南方地区要求建筑能通风隔热、电影院要求隔声等。总之,构造设计必须满足建筑使用功能的要求。

(2)坚固实用

构造做法不能影响结构安全,阳台、栏杆、顶棚、门窗与墙体的连接以及抗震加固构件、配件的构造设计连接应坚固耐久,保证有足够的强度和刚度,并有足够的整体性,安全可靠,经久耐用。

(3)技术先进

在确定构造做法时,应从材料、结构、施工等多方面引入先进技术,同时也需要注意因地制宜、就地取材、结合实际。

(4)经济合理

各种构造设计均要注意提高建筑的综合效益,即经济、社会和环境三个方面的效益。在经济上既要降低造价、节省材料能源消耗,还要降低正常运行、维护和管理的费用。在合理降低造价的同时,必须保证工程质量,不能单纯为追求效益而减少用料,降低质量标准。

(5)美观大方

建筑的形象除了取决于建筑设计中的体型组合和立面处理外,一些细节构造设计对整体美观也有很大影响。因此,建筑要做到美观大方,必须通过一定的技术手段来实现,例如通过造型、尺度、质感、色彩等方面的设计。

(6)满足建筑工业化的需要

为了提高建设速度、降低劳动强度、保证施工质量,在进行建筑构造设计时,应大力改进传统的建筑方式,从材料、结构、施工等方面引进先进技术,采用标准设计和定型构件,并注意因地制宜,为构配件的生产工业化、现场施工机械化创造有利条件,以适应建筑工业化的需要。

总之,构造设计是建筑设计的重要组成部分,在建筑构造设计时应考虑建筑功能、坚固耐用、技术先进、经济合理、美观大方、工业化需要等基本原则。

6.5　建筑防震

我国是世界上地震活动最强烈的国家之一,位于全球最活跃的两大地震带——环太平洋地震带和欧亚地震带之间。我国地震活动具有分布广、频度高、强度大和震源浅等特点。

6.5.1　地震与地震波

地壳内部存在极大的能量,地壳中的岩层在这些能量所产生的巨大作用力下发生变形、弯曲、褶皱,当最脆弱部分的岩层承受不了这种作用力时,岩层就开始断裂、错动,这种运动传至地面,就表现为地震,具体如图6-6所示。

地下岩层断裂和错动的地方称为震源,理论上常将震源看成一个点,而实际上震源是具有一定规模的区域。震源正上方地面称为震中。震源到地面的垂直距离称为震源深度,根据震源深度不同,地震分为浅源地震(小于70 km)、中源地震(70～300 km)和深源地震(大于300 km)。目前浅源地震占全球地震的90%以上。

岩层断裂错动,突然释放大量能量并以波的形式向四周传播,这种波就是地震波。地震波分为横波和纵波,纵波振幅小,波速快;横波振幅大,波速慢。

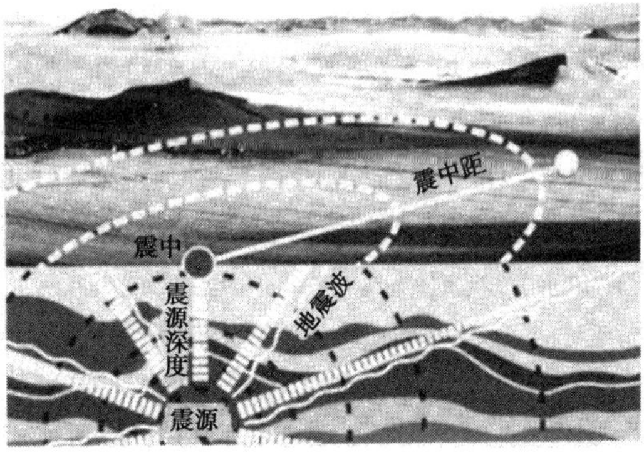

图6-6　地震示意图

6.5.2　地震震级与地震烈度

(1)地震震级

地震震级是度量地震中震源所释放能量多少的指标,一般称里氏震级,它取决于一次地震释放的能量大小。我国目前使用的震级标准是国际上通用的里氏分级表,共分为9个等级。

一般将小于1级的地震称为超微震;大于等于1级,小于3级的称为弱震或微震;大于等于3级,小于4.5级的称为有感地震;大于等于4.5级,小于6级的称为中强震;大于等于6级,小于7级的称为强震;大于等于于7级的称为大地震;8级以及8级以上的称为巨大地震,如2008年5月12日四川汶川地震震级为8.0级。

(2)地震烈度

地震烈度是指某一地区地面和建筑遭受地震影响的强烈程度,它不仅与震级有关,且与震源的深度、距震中的距离、场地土质类型等因素有关。一次地震只有一个震级,而在不同地方会表现出不同的破坏程度,也就是不同的地震烈度。

例如,1976年唐山地震,震级为7.8级,震中烈度为11度。受唐山地震的影响,天津市地震烈度为8度,北京市地震烈度为6度,再远到石家庄、太原等地的地震烈度就只有4~5度。

6.5.3 建筑抗震设防

由于地震时产生的巨大能量,往往造成各类建筑和设施的破坏,甚至倒塌,并由此引起各种次生灾害的发生以及人员的伤亡。国内外大量震害都表明,采用科学合理的抗震设防标准、抗震设计方法和抗震构造措施,是当前减轻地震灾害的最有效途径。

(1)抗震设防烈度

抗震设防烈度是按国家规定的权限批准作为一个地区抗震设防的地震烈度。一般情况,取某一地区50年内超越概率10%的地震烈度作为该地区的抗震设防烈度。目前,我国主要城镇抗震设防烈度见《中国地震动参数区划图》(GB 18306—2015)。

(2)抗震设防目标

按《建筑抗震设计规范(2016年版)附条文规范》(GB 50011—2010)规定,抗震设防烈度为6度及以上地区的建筑,必须进行抗震设计。进行抗震设计的建筑,其基本的抗震设防目标是:当遭受低于本地区抗震设防烈度的多遇地震影响时,主体结构不受损坏或不需修理可继续使用;当遭受相当于本地区抗震设防烈度的设防地震影响时,可能发生损坏,但经一般性修理仍可继续使用;当遭受高于本地区抗震设防烈度的罕遇地震影响时,不致倒塌或发生危及生命的严重破坏。也即我国的抗震设防目标为:小震不坏、中震可修、大震不倒。

(3)建筑抗震设防类别

建筑抗震设防类别是根据建筑破坏造成的人员伤亡、直接和间接经济损失及社会影响的大小;建筑使用功能失效后,对全局的影响范围大小、抗震救灾影响及恢复的难易程度;以及城镇的大小、行业的特点、工矿企业的规模等因素综合分析确定的。

《建筑工程抗震设防分类标准》(GB 50223—2008)规定建筑抗震类别分为特殊设防类(甲类)、重点设防类(乙类)、标准设防类(丙类)和适度设防类(丁类)四个抗震设防类别。

特殊设防类是指使用上有特殊设施,涉及国家公共安全的重大建筑工程和地震时可能发生严重次生灾害等特别重大灾害后果,需要进行特殊设防的建筑。如三级医院的门诊和住院用房、核电站等。

重点设防类是指地震时使用功能不能中断或需尽快恢复的生命线相关建筑,以及地震时可能导致大量人员伤亡等重大灾害后果,需要提高设防标准的建筑。如教育建筑、结构单元内经常使用人数超过10 000人的高层建筑、为20万人口以上城镇给水和燃气建筑。

标准设防类是指大量的除以上几款以外按标准要求进行设防的建筑。如大量性的一般工业与民用建筑等。适度设防类是指使用上人员稀少且震损不致产生次生灾害,允许在一定条件下适度降低要求的建筑。一般为储存物品价值低、人员活动少的单层仓库等建筑。

（4）抗震概念设计

根据地震震害和工程经验，在建筑设计时一般遵循下列要点：

①选择对建筑物抗震有利的场地，宜避开对建筑抗震不利的场地。

②建筑设计应采用平面和竖向规则的设计方案，不宜采用不规则的设计方案，不应采用严重不规则的设计方案。建筑体型和立面处理力求匀称，建筑体型宜规则、对称，建筑立面宜避免高低错落、突然变化。

③因使用和美观方面的要求，建筑体型复杂、平立面特别不规则的建筑，应用防震缝将建筑物分割成若干结构单元，使每个单元体型规则、平面规整、结构体系单一。

④加强结构的整体刚度，从抗震要求出发，合理选择结构类型，合理布置墙和柱，加强结构构件之间的连接，合理设置钢筋混凝土圈梁和构造柱等。

⑤对非结构构件，如女儿墙、围护墙、雨篷等，应与主体结构有可靠连接和锚固，避免地震时倒塌、脱落伤人；对围护墙和隔墙与主体结构的连接，应避免其不合理的设置而导致主体结构的破坏；应避免吊顶在地震时塌落伤人；应避免贴镶或悬吊较重的装饰物或采取可靠的防护措施。

参考文献

[1] 中华人民共和国住房和城乡建设部. 建筑设计防火规范:GB 50016—2014[S]. 北京:中国建筑工业出版社,2015.

[2] 中华人民共和国住房和城乡建设部. 住宅设计规范:GB 50096—2011[S]. 北京:中国计划出版社,2011.

[3] 中国建筑标准设计研究院.《建筑设计防火规范》图示:18J811—1[S]. 北京:中国计划出版社,2018.

[4] 中国建筑标准设计研究院. 民用建筑工程设计常见问题分析及图示——建筑专业:05SJ807[S]. 北京:中国计划出版社,2005.

[5] 中华人民共和国国家质量监督检验检疫总局. 建筑材料及制品燃烧性能分级:GB 8624—2012[S]. 北京:中国标准出版社,2012.

[6] 中华人民共和国住房和城乡建设部. 屋面工程技术规范:GB 50345—2012[S]. 北京:中国建筑工业出版社,2012.

[7] 中华人民共和国住房和城乡建设部. 建筑模数协调标准:GB 50002—2013[S]. 北京:中国建筑工业出版社,2013.

[8] 中华人民共和国住房和城乡建设部. 中小学校设计规范:GB 50099—2011[S]. 北京:中国建筑工业出版社,2011.

[9] 伍孝波,东艳晖. 建筑设计常用规范速查手册[M]. 3 版. 北京:化学工业出版社,2013.

[10] 朱昌廉. 住宅建筑设计原理[M]. 3 版. 北京:中国建筑工业出版社,2011.

[11] 李国光. 建筑设计快速入门[M]. 北京:中国电力出版社,2015.

[12] 李必瑜,王雪松. 房屋建筑学[M]. 5 版. 武汉:武汉理工大学出版社,2014.

[13] 董晓峰. 房屋建筑学[M]. 2 版. 武汉:武汉理工大学出版社,2013.

[14] 姜涌. 建筑构造——材料、构法、节点[M]. 北京:中国建筑工业出版社,2011.

[15] 孙玉红. 建筑构造[M]. 2 版. 上海:同济大学出版社,2014.

[16] 李迁. 建筑构造[M]. 北京:清华大学出版社,2015.

[17] 胡向磊. 建筑构造图解[M]. 北京:中国建筑工业出版社,2015.
[18] 颜宏亮. 建筑构造[M]. 上海:同济大学出版社,2010.
[19] 杨金铎,杨洪波. 民用建筑设计常见技术问题释疑[M]. 北京:中国建筑工业出版社,2013.
[20] 郝峻弘. 房屋建筑学[M]. 2 版. 北京:清华大学出版社,2015.
[21] 徐珍,姜曙光. 房屋建筑学[M]. 2 版. 武汉:武汉理工大学出版社,2015.
[22] 舒秋华. 房屋建筑学[M]. 5 版. 武汉:武汉理工大学出版社,2015.
[23] 潘睿. 房屋建筑学[M]. 武汉:华中科技大学出版社,2014.
[24] 沈福煦. 建筑方案设计[M]. 上海:同济大学出版社,1999.